主办 中国建设监理协会

中国建设监理与咨询

中国建筑工业出版社

图书在版编目（CIP）数据

中国建设监理与咨询 19/ 中国建设监理协会主办.—北京：中国建筑工业出版社，2017.12
ISBN 978-7-112-21651-2

Ⅰ.①中… Ⅱ.①中… Ⅲ.①建筑工程—施工监理—研究—中国 Ⅳ.①TU712.2

中国版本图书馆CIP数据核字（2017）第309759号

责任编辑：费海玲 焦 阳
责任校对：李美娜

中国建设监理与咨询 19

主办 中国建设监理协会

*

中国建筑工业出版社出版、发行（北京海淀三里河路9号）
各地新华书店、建筑书店经销
北 京 嘉 泰 利 德 公 司 制 版
北京缤索印刷有限公司印刷

*

开本：880×1230毫米 1/16 印张：$7^1/_2$ 插页：1 字数：300千字
2017年12月第一版 2017年12月第一次印刷
定价：**35.00**元

ISBN 978-7-112-21651-2
（31507）

编辑部

地址：北京海淀区西四环北路 158 号
　　慧科大厦东区 10B

邮编：100142

电话：（010）68346832

传真：（010）68346832

E-mail：zgjsjlxh@163.com

中国建设监理与咨询

目录 CONTENTS

行业动态

政策法规

本期焦点：贯彻落实党的十九大精神，加快深化建筑业改革

监理论坛

项目管理与咨询

创新与研究

人才培养

企业文化

内地注册监理工程师和香港建筑测量师互认十周年回顾与展望暨监理行业改革与发展交流会在广州举行

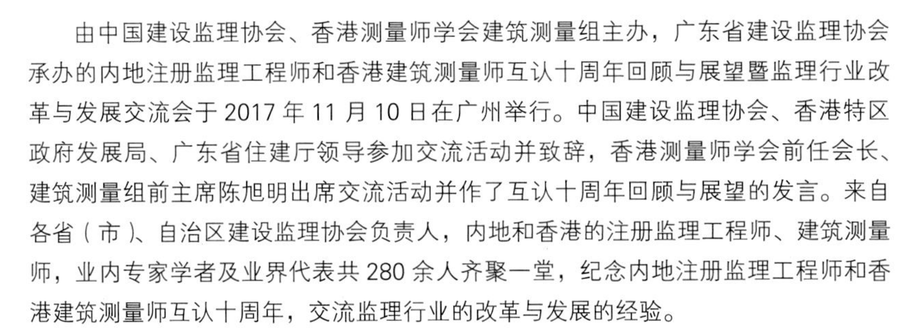

由中国建设监理协会、香港测量师学会建筑测量组主办，广东省建设监理协会承办的内地注册监理工程师和香港建筑测量师互认十周年回顾与展望暨监理行业改革与发展交流会于2017年11月10日在广州举行。中国建设监理协会、香港特区政府发展局、广东省住建厅领导参加交流活动并致辞，香港测量师学会前任会长、建筑测量组前主席陈旭明出席交流活动并作了互认十周年回顾与展望的发言。来自各省（市）、自治区建设监理协会负责人，内地和香港的注册监理工程师、建筑测量师，业内专家学者及业界代表共280余人齐聚一堂，纪念内地注册监理工程师和香港建筑测量师互认十周年，交流监理行业的改革与发展的经验。

十余位来自内地和香港的专家学者从建筑测量专业香港经验、监理工作标准化、工程监理企业的转型和能力再造、粤港澳大湾区的机遇和挑战等方面，通过理论与实践经验的结合，探讨了监理行业的改革与发展经验交流，受到与会代表的一致欢迎。

在全场来宾的共同见证下，内地18家企业与香港15家企业的合作正式启动，预示着两地合作的又一崭新开始。

住房城乡建设部发布34个轨道交通工程风险管控关键节点

为强化城市轨道交通工程关键节点（以下简称“关键节点”）施工前风险预控措施、提升关键节点风险管控水平、有效防范和遏制事故发生，近日，住房城乡建设部办公厅下发通知，明确了34个关键节点。

据介绍，关键节点是指轨道交通工程开（复）工或施工过程中风险较大、风险集中或工序转换时容易发生事故和险情的关键工序和重要部位。

根据通知，关键节点风险管控要坚持全面识别、重点管控、各负其责、强化落实的原则，将开展关键节点施工前条件核查作为关键节点风险管控的重要手段。

要规范开展关键节点风险管控，严格依据《城市轨道交通工程安全质量管理暂行办法》《城市轨道交通地下工程建设风险管理规范》和《城市轨道交通建设项目管理规范》等制度规定和标准规范，对城市轨道交通工程施工关键工序和重要部位实施风险管控。

要强化关键节点风险管控责任落实。各地城市轨道交通工程质量安全监管部门和建设单位等参建各方要高度重视关键节点风险管控工作，全面落实企业主体责任和政府监管责任，不断加强关键节点施工前条件核查，严格控制施工风险。

要加强督促检查。城市轨道交通工程质量安全监管部门要督促参建单位做好关键节点风险管控工作，对因关键节点风险管控不到位而引发事故的责任单位和责任人，要依法进行处理、处罚。各地可根据本通知要求，建立完善关键节点风险管控相关制度，进一步明确关键节点施工前条件核查标准、程序、内容和组织方式，确保关键节点风险管控落实到位，有效防范城市轨道交通工程生产安全事故发生。

通知明确了关键节点风险管控程序及《关键节点分类清单》，规定关键节点风险管控由建设、监理、施工、勘察、设计、第三方监测等单位相关负责人参加，按以下程序进行：

施工单位根据《关键节点分类清单》编制《关键节点识别清单》，报监理单位审批。同时，对照经监理单位批准的《关键节点识别清单》，对关键节点施工前条件自检自评，符合要求的报监理单位。

监理单位对关键节点施工前条件进行预核查，通过后报建设单位。

建设单位（或委托监理单位）依据相关制度规定和标准规范组织开展关键节点施工前条件核查。通过核查的，方可进行关键节点施工；未通过核查的，相关单位按照核查意见进行整改，整改完成后建设单位重新组织核查。

（冷一楠收集 摘自 《中国建设报》）

甘肃表彰建筑行业优秀单位、优秀人物

由甘肃日报社、甘肃省建筑业联合会、甘肃省勘察设计协会、甘肃省建设监理协会四家单位共同举办的“工匠精神、荣耀甘肃”——甘肃省建筑行业优秀单位、优秀人物推选活动，经专家委员会评审、主办单位会审、组委会综合考评等环节，最终推选“2017甘肃十佳卓越建筑企业”“2017甘肃十大工程建造大师”和“2017甘肃建造行业十优工匠”。2017年11月7日上午在甘肃国际会议中心举行了隆重的“工匠精神，荣耀甘肃”甘肃省建筑行业优秀单位、优秀人物推选活动颁奖仪式，甘肃省建设监理协会会长在会议现场接受了记者的采访。

此次活动旨在进一步推动甘肃省建筑行业转型升级，打造核心竞争力，培植行业工匠精神，为社会增添更多正能量。活动自2017年7月正式启动，经过各主办单位推荐，企业自主申报、个人自荐，组委会初选审核，产生候选企业22家、候选人物52人。9月11日，在《甘肃日报》上对候选企业和候选人物进行了公示，接受社会公众监督。同时开通了微信投票、报纸投票等社会公众推选渠道。

在此次评选活动中，甘肃省建设监理行业收获颇丰，甘肃省建设监理公司被评为“2017甘肃十佳卓越建筑企业”，兰州华铁工程监理咨询有限公司董事长王强、甘肃省建设监理公司总工程师邢海青、兰州金建工程建设监理公司总工程师唐佐贵三位同志被评为“2017甘肃十大工程建造大师”。

（武志祥　提供）

北京市监理协会组织“行业自律示范项目”观摩学习活动

2017 年 10 月 31 日，北京市监理协会组织开展“北京市监理行业自律示范项目”现场观摩交流活动，根据会员单位的申报和意向分四个小组，分别对方圆、双圆、中科国金、赛瑞斯等四家监理单位所监理的第一批挂牌“北京市监理行业自律示范项目”的工程，进行了现场观摩学习。四个项目监理部的总监理工程师介绍了示范项目的工程概况、监理工作特点、工作创新点、监理资料编写、质量安全现场管理等相关内容。

会上，协会工作人员转达了李伟会长对本次示范项目观摩学习活动的重视，要求挂牌的“行业自律示范项目”应再接再厉，发挥示范引领作用，为全市监理履职能力的提升作出贡献。

参加观摩交流活动的代表来自 113 家会员单位，主要是各个单位的技术负责人或主要管理人员。会上参会代表发言踊跃，积极讨论，针对监理工作创新、监理资料管理、公司对项目的检查、重点部位的旁站、项目人员培训等问题，进行了切磋探讨。通过交流学习，提高了与会人员的管理理念、管理思路。示范项目交流活动起到了以点带面的作用。

会后，参加交流活动的会员单位代表纷纷表示，通过观摩学习、互动交流，受到了很大启发，希望协会多组织示范项目的观摩学习活动，构筑相互交流学习的平台，共同提升首都监理行业整体履职能力。

（张宇红 提供）

华东地区监理行业转型升级创新发展宣讲活动在南京市举办

中国建设监理协会于 2017 年 10 月 20 日在江苏省南京市举办了第二期监理行业转型升级创新发展宣讲活动，活动分别由修璐副会长兼秘书长和温健副秘书长主持，江苏省建设监理协会陈贵会长到场致辞。华东地区六省单位会员和个人会员代表 320 人参加了活动，活动邀请了来自高等院校、行业协会、监理企业的六名专家进行了宣讲。

本次活动旨在贯彻落实《国务院办公厅关于促进持续健康发展的意见》（国办发[2017]19 号）和《住房城乡建设部关于促进监理行业转型升级创新发展的意见》（建市 [2017]145 号）精神，更好地发挥协会的桥梁与纽带作用，宣讲监理行业改革发展新形势，提高为单位会员和个人会员服务的能力，为会员提供有质量的服务。本次宣讲特别精心选择了目前行业发展过程中大家最关注、最困惑、最急需了解的热点问题，邀请到行业最权威的专家和企业领导进行宣讲，目的是把行业发展最新鲜的信息以及行业、企业实践中最具体的实践经验、教训以最有效的途径传递给大家，使监理企业更准确及时地了解转型升级创新发展的新方向，鼓励其向全过程工程咨询发展，从而促进行业健康发展。

活动主要从“全过程工程咨询的概念、核心理念的讨论”“监理行业的诚信与发展”“监理的风险控制”“工程监理企业实施全过程工程咨询的战略思考”“中国建筑业的改革发展”“推进监理工作标准化、提升监理人员履职能力”“工程监理企业的转型和能力再造”“应用信息化平台，实现工程咨询企业创新发展”等八个方面进行了宣讲。活动也特别采用调查问卷的方式，征求了参与活动代表对宣讲内容的反馈建议，及希望从中获得的学习内容，以便为协会今后的宣讲方向提供参考，问卷统计结果显示，代表们对宣讲内容一致赞誉，称对行业发展非常重要，具有很强的指导性、针对性和实用性。并希望协会多举办此类宣讲活动，增加宣讲时间，更加细化及深度讲解，多邀请一些成功的企业来分享经验，也希望主管部门抓紧出台全过程工程咨询的指导意见。本次华东地区宣讲活动取得圆满成功并达到了预期效果。

广东省建设监理协会召开全省监理企业安全生产管理提醒会暨危险性较大分部分项工程监理要点专题讲座

2017 年 9 月 20 日下午，广东省建设监理协会在广州市华泰宾馆 6 楼会议室召开全省监理企业安全生产管理提醒会暨危险性较大分部分项工程监理要点专题讲座，来自全省 110 余家会员单位的监理企业负责人、技术负责人、总监理工程师以及协会秘书处工作人员等共 201 人参加了会议。协会会长孙成参会并讲话，秘书长李薇娜主持会议。

会议首先由协会会长孙成作了题为“抓落实、勇攻坚、求真务实努力提升监理安全生产管理水平”的重要讲话。孙会长结合广东省上半年建筑施工安全生产工作的特点，深刻分析了当前监理安全生产面临的形势，指出了监理项目建设安全生产管理方面存在的主要问题，并对监理企业项目建设安全生产管理各项工作提出了明确的要求。一是认识要到位，切实增强安全生产管理工作的责任感和紧迫感。二是责任要到位，全面落实建设工程安全生产管理工作监理工作责任。

会上，广东建设工程监理有限公司党委书记杜锡明作为企业代表，宣读了广东省建设监理协会向全省监理行业发出的“倡议书”，提出了四点倡议：一是提高认识，积极行动；二是守法诚信，严格自律；三是履职尽责，严格把关；四是协会引导，共同落实。

会议还邀请了广州市东建工程监理有限公司技术负责人、教授级高级工程师杜根生以“危险性较大分部分项工程安全监理要点”为主题授课。

（高峰　提供）

浙江省出台工程咨询和监理招标示范文本

根据住建部《关于开展全过程工程咨询试点工作的通知》（建市 [2017]101 号），为配合开展全过程工程咨询的全面实施，同时更好地规范监理市场的招标投标行为，近日浙江省住房和城乡建设厅印发了《浙江省建设工程咨询招标文件示范文本》（2017 版）及《浙江省建设工程监理招标文件示范文本》（2017 版）。

此次印发的这两个示范文本，具有以下特征：一是充分考虑了全过程工程咨询服务的特点，倡导建设管理与专业咨询服务相组合的业务模式；二是尽可能地尊重建设单位的招标意愿，适度把握了建设单位自主权和廉政建设的关系；三是最大限度地保护了监理企业的合法利益，排除了最低价中标的方式；四是明确提出了监理应当提供的服务内容和工作要求；五是提出了总监理工程师需要面试的规定。

9 月 18 日，浙江省建设工程监理管理协会举办了“浙江省全过程工程咨询试点工作方案”和“两个文本”讲座。协会章钟秘书长详细解读了“试点方案”，就“试点方案”的指导思想、工作目标、工作步骤、试点内容及保障措施等作了进一步说明。参与“两个文本”的起草单位代表就“两个文本”的主要内容、特点、使用中需要注意的几个关键事项等作了重点解读。

浙江省全过程工程咨询试点方案的实施，以及“两个文本”的正式印发，必将为浙江省推进全过程工程咨询，规范工程咨询和监理招标投标行为起到重要的促进和保障作用。

（徐伟民　提供）

广东省建设监理协会组团参加香港第二届“一带一路”高峰论坛

金秋九月，丹桂飘香。由香港特区政府和香港贸发局共同举办的第二届“一带一路”高峰论坛于 9 月 11 日在香港会议展览中心举行，来自全球 50 个国家和地区逾 3000 名政商界精英出席。广东省住房和城乡建设厅组织 70 多位广东省建筑行业相关企业代表参加了论坛，其中，广东省建设监理协会组织 20 位监理企业代表参会。此次高峰论坛就广东省建筑企业携手香港专业服务企业参与“一带一路”沿线国家基础设施投资建设进行了项目对接和互动交流，取得圆满成功。

本届高峰论坛以“化愿景为行动”为主题，聚焦于基建投资和“一带一路”发展机遇。香港特区行政长官林郑月娥、国家发展和改革委员会副主任宁吉喆、商务部副部长高燕，以及外交部代表、外交部驻港特派员公署特派员谢锋发表了主题演说。

在论坛讨论环节，来自泰国、波兰、中国香港、中国内地以及东盟国家在基建项目有实战经验的嘉宾和政府官员参与了“投资‘一带一路’：与政策官员对话”“商伴与东盟：基建推动增长”两个环节的讨论活动。此外，论坛还组织了专题分论坛，并举行投资项目介绍及交流会。

此次论坛还专设有阿联酋、中国香港及广东省基础设施投资高层圆桌会议，协会孙成会长参加了会议。会上，阿联酋代表就阿联酋的投资环境及当地投资项目分

别作了相关介绍，中国香港特区代表以个案分享形式讨论投资者、项目拥有者及服务供货商的合作模式，广东省代表着重介绍了企业的国际投资方向，同时反映了在参与“一带一路”沿线地区尤其是阿联酋等国家投资建设过程中遇到的问题。阿联酋官员对广东企业在当地遇到的问题十分关注，表示将积极协调解决。

本届论坛还邀请了来自“一带一路”沿线国家及地区的项目拥有者，带来了超过150个不同范畴的投资项目，物色投资者及相关的服务供应商。在一对一项目对接环节，广州市市政工程监理有限公司、广州万安建设监理有限公司、广东创成建设监理有限公司、珠海市城市开发监理有限公司等企业与“一带一路”沿线国家和地区多个项目以及银行、金融服务、基础建设及专业服务供应商进行了“一对一”对接洽谈，取得了预期成果。

（高峰　提供）

天津市建设监理协会圆满召开四届二次理事会

2017年10月27日下午2：00，天津市建设监理协会四届二次理事会在天津市政协俱乐部隆重召开。天津市建设监理协会第四届理事会36位理事出席会议，监事会监事长陈召忠出席会议，会议由天津市建设监理协会四届理事长郑立鑫主持。

按照会议议程，天津市建设监理协会秘书长马明宣读天津市建设监理协会换届六个月来脱钩与制度建设的工作汇报，全面总结了天津市建设监理协会换届后各项工作的落实完成情况，并对协会的脱钩以及相关制度建设的工作作了详细总结。副理事长石巍宣读了关于天津市建设监理协会注销天津市天津建设监理培训中心的议案。副理事长乔秦生宣读了关于《天津市监理从业人员信用管理办法》（报审稿）的议案。副理事长赵维涛宣读了关于《天津市监理从业人员执业管理办法》（报审稿）的议案。副理事长霍斌兴宣读了关于《天津市监理从业人员培训及登记办法》（报审稿）的议案。副理事长庄洪亮宣读了《关于调整天津市建设监理协会评优项目的议案》。

协会四届理事审议了议案，对部分议案的内容调整给出了建议，全票通过了五项议案，副理事长王笑宣读决议，副理事长吴树勇作近期协会工作安排的报告。

天津市建设监理协会四届二次理事会圆满完成了各项议程，协会理事长郑立鑫作了总结发言，他充分肯定了协会秘书处上一个阶段的各项工作，希望协会在第四届理事会的带领下，在协会秘书处的努力下，继续在服务会员、引导企业发展、稳定监理市场秩序上，创造更多的经验，引领行业的健康发展。

（张帅　提供）

河南省建设监理协会成功举办工程质量安全监理知识竞赛

2017 年 10 月 29 日，河南省建设工程质量安全监理知识竞赛总决赛在周口电视台 5 号演播厅隆重开幕。河南省建设监理协会会长陈海勤、常务副会长兼秘书长孙惠民出席开幕式。

工程质量安全的监理工作，是关系河南建设监理事业繁荣兴盛的首要因素。切实做好质量安全的监理工作，首先从了解质量安全法律法规，掌握质量安全监理规程，普及质量安全监理知识开始做起。参加总决赛的 48 名选手均来自现场项目监理机构，他们在现场担任专业监理工程师或监理员，对质量安全监理工作的体会更加深刻，做好工程质量和安全的监理工作，不仅需要管理和技术知识，更需要尽心尽力，履职尽责。

本次知识竞赛，是在河南省建设监理行业深入贯彻落实住建部和河南省住建厅工程质量安全 3 年提升行动整体部署，进一步提高质量安全监理工作总体水平关键时期的一次重要活动，在全行业营造了浓厚的质量安全监理氛围，提升了监理人员的责任意识和工作能力，提高了敬畏质量安全责任的自觉性，在一定程度上促进了质量安全监理工作水平的提升，也是协会创新工作方式方法的一个尝试和探索。

凝心聚力，锐意进取，将此次工程质量安全监理知识竞赛，作为提升河南工程质量安全监理工作的新起点、新动力，以更加饱满的热情，更加昂扬的斗志，开启河南工程质量安全监理工作新境界，推进河南建设监理行业发展的新未来，书写行业发展的新篇章。

（耿春　提供）

中国建设工程鲁班奖发布大会召开

11 月 6 日，中国建筑业协会在北京召开会议，发布 238 项 2016 ~ 2017 年度中国建设工程鲁班奖（国家优质工程）。住房城乡建设部副部长易军、原副部长郑一军出席会议并讲话。住房城乡建设部总工程师陈宜明，部相关司局主要负责人出席大会。中国建筑业协会会长王铁宏致辞。

易军在讲话中肯定了鲁班奖对推动工程质量水平提高发挥的重要作用，并就贯彻落实党的十九大精神，加快深化建筑业改革提出三点意见：

一是不断加强工程质量安全管理，切实提高建筑业发展质量。要严格落实各方主体责任，按照“权责一致”的原则，进一步明确工程参建各方的责任边界，突出强化建设单位的首要责任和勘察、设计、施工单位的主体责任，构建更加合理的质量安全责任体系。推动招投标制度改革，缩小依法必须招标的范围，改变工程招投标“一刀切”的做法，还权于业主。要加大责任追究力度，强化质量终身责任追究，特别是要加大在资质资格、从业限制等方面的处罚力度。要加快建设建筑市场信用体系，建立守信联合激励和失信联合惩戒机制，加快建立完善工程担保制度和工程质量保险制度，用市场化手段提高参建各方责任意识，规范主体行为。同时要全面提升政府监管水平，创新监管方式，加快推进监管信息化建设，探索建立政府购买监督检查服务、监理单位报告等制度，不断提高监管工作效能。

二是加快培育现代化产业工人队伍，切实夯实建筑业发展基础。要鼓励施工企业拥有一定数量的技术骨干工人，引导和支持农民工成立小微作业企业，逐步实现公司化管理，以创业带动就业，促进农民工多渠道就业，提高农民工的归属感。切实保障工人合法权益，制定适合建筑业特点的劳动合同示范文本，提高劳动合同签订率。不断完善社会保险缴费方式，构建和谐劳动关系。要加大职业技能培训力度，建立政府为主导、企业为主体，行业协会、职业院校等社会多方参与的技能培训鉴定体系。推动建立建筑工人技能培训专项基金，用于工人技能培训和鉴定补贴，提升建筑业农民工参加技能培训积极性，切实提高技能素质。要培育一批建筑业技能鉴定机构，统一鉴定标准，确保鉴定质量。大力弘扬劳模精神和工匠精神，积极开展劳动技能竞赛，建设一支知识型、技能型、创新型的建筑业产业工人大军。

三是深化改革工程建设组织实施方式，切实增强建筑业发展内在动力。要积极推广工程总承包，以政府投资工程和装配式建筑为突破口，提高“交钥匙”工程比例，积极开展试点，加大推广力度，尽快完善与工程总承包相适应的招标投标、施工许可、竣工验收等制度。推动修订建筑法等法律法规，明确工程总承包单位在工程质量、安全、进度、成本等方面的责任。允许工程总承包单位直接发包合同覆盖的其他专业业务，发挥工程总承包优势，实现设计、采购、施工、试运行等阶段工作的深度融合，提高工程建设组织效率。要加快培育全过程工程咨询服务企业，鼓励勘察、设计、监理、招标代理、造价等企业积极向工程咨询各阶段拓展业务，培育一批具有国际水平的工程咨询龙头企业，发挥示范引领作用。引导建设单位将咨询服务委托给一家工程咨询企业，为工程项目提供涵盖前期策划、设计、施工、后期运行维护等全过程的咨询服务。

王铁宏在致辞中指出，创立企业品牌为目的的“创鲁班工程”活动，促进了行业管理水平、质量水平普遍提高。获奖企业要主动承担起引领行业发展的责任，要增强对人民负责、对历史负责、对子孙后代负责的意识，坚决把质量与安全放在首位，成为人民放心的企业；要带头诚信经营，严禁违法违规行为，把诚信经营作为企业管理的核心内涵，在雄安新区建设等重大工程中引领世界城市规划建设发展方向，增强文化自信，努力建设更多的精品工程。

今年是鲁班奖创立30周年，大会期间代表们就创精品工程的典型经验进行了深入交流。广大建筑业企业一致表示，将认真贯彻落实党的十九大精神，以习近平新时代中国特色社会主义思想为指导，不忘初心、牢记使命、砥砺奋进，大力弘扬精益求精、追求卓越的行业精神，努力建设更多的精品工程，为推动我国建筑业持续健康发展、为建设美丽中国作出新的更大的贡献。

（冷一楠收集　摘自《中国建设报》）

陕西省对工程监理等企业的执业行为检查工作已全面铺开

为贯彻落实《国务院办公厅关于促进建筑业持续健康发展的意见》（国办发【2017】19号），进一步提高陕西省工程监理、造价咨询及招标代理企业的服务质量，规范执业行为，促进陕西省建筑行业健康发展，陕西省住建厅5月初发布陕建发〔2017〕169号文件，定于2017年5月至8月对工程监理、工程造价咨询及招标代理企业执业行为进行专项检查。8月29日，由省监理协会抽调的几十名专家分为四个小组已随省厅带队人员赶赴全省各地，深入项目现场，全面铺开了监理等企业的履职行为检查工作。

陕西省建设监理协会为了确保本次检查工作的顺利开展，于今年3~8月期间，协助省住建厅做了大量的基础工作，主要如下：1. 分别组织不同副会长单位制定了监理的工作标准和检查标准；2. 组织协会相关专家分期讨论并通过了《项目监理工作标准》《项目监理机构工作检查表》和《施工现场安全、质量检查表》；3. 起草并组织专家讨论了对工程监理等企业进行履职检查的方案，按行政区划将检查组划分为关中、陕南、陕北、西安4个小组，对各小组的人员与车辆进行了安排与协调；4. 抽调工程监理、招标代理企业专家，配合省住建厅展开检查工作。

本次检查工作结束后，省厅将对工程监理、造价咨询及招标代理企业的严重违法行为进行网上公布，一些企业的违法行为也将进入不良信用记录。

（吴月红　提供）

住房城乡建设部开展建筑业企业资质告知承诺审批试点工作

为贯彻落实《国务院办公厅关于促进建筑业持续健康发展的意见》(国办发[2017]19号),进一步深化建筑业简政放权改革,提高建设工程企业资质行政审批效率,完善建筑市场监管体系,加强事中事后监管,探索推行“互联网+政务服务”,住房城乡建设部近日发布《住房城乡建设部办公厅关于开展建筑业企业资质告知承诺审批试点的通知》(以下简称《通知》),决定在北京、上海、浙江3省(市)开展建筑业企业资质告知承诺审批试点。

试点方案所指告知承诺审批,是指对提出资质行政审批申请的申请人,由行政审批机关一次性告知其审批条件,申请人以书面形式承诺符合审批条件,行政审批机关根据申请人承诺直接作出行政审批决定的制度。

《通知》要求,行政审批部门一次性告知企业办理资质审批事项所应满足的审批条件,企业作出满足审批条件的承诺,行政审批部门依据企业承诺直接办理相关资质审批手续。行政审批部门依托建筑市场监管公共服务平台,对企业承诺内容进行重点比对核验,着力强化审批事中事后监管力度,实现对承诺内容现场核查全覆盖。对以虚构、造假等欺骗手段取得资质的企业,依法撤销其相应资质,并列入建筑市场主体“黑名单”。

中华人民共和国住房和城乡建设部

住房城乡建设部办公厅关于开展建筑业企业资质告知承诺审批试点的通知

各试点地区要结合本地实际,制定细化、可操作性强的试点方案及操作规程,做好涉及资质审批各部门组织协调,组织落实好有关企业的培训、教育等工作,使试点地区企业充分了解试点工作内容,力争形成可复制、可推广的试点经验。

住房城乡建设部建筑市场监管司要及时总结试点情况,并采取综合评估方式,对试点措施执行情况、实施效果、群众反映等进行全面评估,根据评估情况进一步改进和完善试点措施,不断提高审批效率和质量,力争试点工作取得更大成功。

首批装配式建筑示范城市和产业基地敲定

中华人民共和国住房和城乡建设部

住房城乡建设部办公厅关于认定第一批装配式建筑示范城市和产业基地的函

为积极推进装配式建筑发展,住房城乡建设部近日发文,认定北京市、杭州市、广安市等30个城市为第一批装配式建筑示范城市,北京住总集团有限责任公司、杭萧钢构股份有限公司、碧桂园控股有限公司等195个企业为第一批装配式建筑产业基地。

住房城乡建设部要求,各装配式建筑示范城市和产业基地要按照有关规定扎实推进装配式建筑各项工作,及时探索总结一批可复制、可推广的装配式建筑发展经验,切实发挥示范引领和产业支撑作用。

各省级住房城乡建设主管部门要加强对示范城市和产业基地的监督管理,定期组织检查和考核。住房城乡建设部将对装配式建筑示范城市和产业基地实施动态管理,定期开展评估,评估不合格的撤销认定。

(冷一楠收集　摘自《中国建设报》)

关于修订印发《注册监理工程师注册管理工作规程》的通知

建市监函[2017]51号

各省、自治区住房城乡建设厅，直辖市建委，新疆生产建设兵团建设局，国务院有关部门建设司（局），中央军委后勤保障部军事设施建设局：

为进一步推进行政审批制度改革，完善监理工程师注册管理工作，根据《住房城乡建设部关于修改〈勘察设计注册工程师管理规定〉等 11 个部门规章的决定》（住房城乡建设部令第 32 号），我司对《注册监理工程师注册管理工作规程》进行了修订，现印发给你们，请遵照执行。执行中有何问题，请及时反馈我司建设咨询监理处。

修订后的《注册监理工程师注册管理工作规程》自 2017 年 11 月 1 日施行，原建设部建筑市场管理司印发的《注册监理工程师注册管理工作规程》（建市监函 [2006]28 号）同时废止。

附件：注册监理工程师注册管理工作规程

中华人民共和国住房和城乡建设部建筑市场监管司

2017 年 9 月 20 日

（此件主动公开）

附件

注册监理工程师注册管理工作规程

根据《注册监理工程师管理规定》（建设部令第 147 号）、《住房城乡建设部关于修改〈勘察设计注册工程师管理规定〉等 11 个部门规章的决定》（住房城乡建设部令第 32 号）和《关于建设部机关直接实施的行政许可事项有关规定和内容的公告》（建设部公告第 278 号），申请注册监理工程师初始注册、延续注册、变更注册、注销注册和注册执业证书遗失破损补办等，按以下要求办理：

一、注册申请表及网上申报要求

申请注册的申请表分为：《中华人民共和国注册监理工程师初始注册申请表》《中华人民共和国注册监理工程师延续注册申请表》《中华人民共和国注册监理工程师变更注册申请表》《中华人民共和国注册监理工程师注销注册申请表》和《中华人民共和国注册监理工程师注册执业证书遗失破损补办申请表》。申请人可进入中华人民共和国住房和城乡建设部网站（www.mohurd.gov.cn），登录“注册监理工程师管理系统”，填写以上申请表，并上报扫描件和电子文档。

二、申报材料要求

（一）初始注册

取得中华人民共和国监理工程师执业资格证书的申请人，应自证书签发之日起3年内提出初始注册申请。逾期未申请者，须符合近3年继续教育要求后方可申请初始注册。

申请初始注册需在网上提交下列材料：

1. 本人填写的《中华人民共和国注册监理工程师初始注册申请表》；

2. 由社会保险机构出具的近一个月在聘用单位的社保证明扫描件（退休人员需提供有效的退休证明）；

3. 本人近期一寸彩色免冠证件照扫描件。

（二）延续注册

注册监理工程师注册有效期为3年，注册期满需继续执业的，应符合继续教育要求并在注册有效期届满30日前申请延续注册。在注册有效期届满30日前未提出延续注册申请的，在有效期满后，其注册执业证书和执业印章自动失效，需继续执业的，应重新申请初始注册。

申请延续注册需在网上提交下列材料：

1. 本人填写的《中华人民共和国注册监理工程师延续注册申请表》；

2. 由社会保险机构出具的近一个月在聘用单位的社保证明扫描件（退休人员需提供有效的退休证明）。

（三）变更注册

注册监理工程师在注册有效期内，需要变更执业单位、注册专业等注册内容的，应申请变更注册。

申请办理变更注册手续的，变更注册后仍延续原注册有效期。申请变更注册需在网上提交下列材料：

1. 本人填写的《中华人民共和国注册监理工程师变更注册申请表》；

2. 由社会保险机构出具的近一个月在聘用单位的社保证明扫描件（退休人员需提供有效的退休证明）；

3. 在注册有效期内，变更执业单位的，申请人应提供工作调动证明扫描件（与原聘用单位终止或解除聘用劳动合同的证明文件，或由劳动仲裁机构出具的解除劳动关系的劳动仲裁文件）；

4. 在注册有效期内，因所在聘用单位名称发生变更的，应在聘用单位名称变更后30日内按变更注册规定办理变更注册手续，并提供聘用单位新名称的营业执照、工商核准通知书扫描件。

（四）注销注册

按照《注册监理工程师管理规定》要求，注册监理工程师本人和聘用单位需要申请注销注册的，须填写并网上提交《中华人民共和国注册监理工程师注销注册申请表》电子数据，由聘用单位将相应电子文档通过网上报送给省级注册管理机构。被依法注销注册者，当具备初始注册条件，并符合近3年的继续教育要求后，可重新申请初始注册。

（五）注册执业证书遗失破损补办

因注册执业证书遗失、破损等原因，需补办注册执业证书的，须填写并网上提交《中华人民共和国注册监理工程师注册执业证书遗失破损补办申请表》电子数据和遗失声明扫描件，由聘用单位将相应电子文档通过网上报送给省级注册管理机构。

三、注册审批程序

（一）申请人填写注册申请表并打印，签字后将申报材料和相应电子文档交聘用单位。

（二）聘用单位在注册申请表上签署意见并加盖单位印章后，将申请人的申报材料电子版和相应电子文档通过网上报送给省级注册管理机构，同时将申请人纸质申请表和近期一寸彩色免冠证件照报送给省级注册管理机构。

（三）省级注册管理机构在网上接收申请注册材料后，应当在5日内将全部申请材料通过网上报送住房城乡建设部，同时将纸质申请表和照片报送住房城乡建设部。

对申请注册的材料，省级注册管理机构应进入中华人民共和国住房和城乡建设部网站，登录“注册监理工程师管理系统”，使用管理版进行接收，形成《申请注册监理工程师初始、延续、变更注册汇总表》后上报。

（四）住房城乡建设部收到省级注册管理机构上报的注册申报材料后，对申请初始注册的，住房城乡建设部应当自受理申请之日起20日内审批完毕并作出书面决定。自作出决定之日起10日内公告审批结果。对申请变更注册、延续注册的，住房城乡建设部应当自受理申请之日起10日内审批完毕并作出书面决定。

申请材料不齐全或者不符合法定形式的，应当在5日内一次性告知申请人需要补正的全部内容，待补正材料或补办手续后，按程序重新办理。逾期不告知的，自收到申请材料之日起即为受理。

对准予初始注册的人员，由住房城乡建设部核发注册执业证书，并核定执业印章编号（注册号）。对准予变更注册、延续注册的人员，核发变更、延续贴条，并核定执业印章编号（注册号）。

（五）各省级注册管理机构负责收回注销注册和破损补办未到注册有效期的注册监理工程师注册执业证书和执业印章，交住房城乡建设部销毁。

四、其他

（一）《中华人民共和国注册监理工程师注册执业证书》由住房城乡建设部统一制作，执业印章由申请人按照统一格式自行制作。

（二）注册监理工程师与原聘用单位解除劳动关系后申请变更执业单位，原聘用单位有义务协助完成变更手续。若未解除劳动关系或发生劳动纠纷的，应待解除劳动关系或劳动纠纷解决后，申请办理变更手续。

（三）军队系统取得监理工程师执业资格人员申请注册，由中央军委后勤保障部军事设施建设局按照省级注册管理机构的职责，接收申请注册申报材料后，报住房城乡建设部审批。

（四）联系方式

通讯地址：北京市海淀区三里河路9号

邮政编码：100835

联系电话：010-58933790

传真：010-58933530

住房城乡建设部办公厅关于简化监理工程师执业资格注册申报材料有关事项的通知

建办市[2017]61号

各省、自治区住房城乡建设厅，直辖市建委，新疆生产建设兵团建设局，国务院有关部门建设司（局）：

为进一步推进简政放权、放管结合、优化服务改革，决定简化监理工程师执业资格注册申报材料，现将有关事项通知如下：

一、申报监理工程师执业资格注册不再要求提供以下材料，由申请人对其真实性、有效性签字承诺，并承担相应的法律责任：

（一）身份证件（身份证或军官证等）；

（二）《中华人民共和国监理工程师执业资格证书》；

（三）学历或学位证书、工程类中级及中级以上职称证书；

（四）与聘用单位签订的有效聘用劳动合同（退休人员与聘用单位签订的聘用合同）；

（五）工作经历、工程业绩等有关证明材料；

（六）达到继续教育要求的证明材料。

二、监理工程师执业资格注册实行网上申报和审批。申请监理工程师执业资格注册的人员，应按照修订的《注册监理工程师注册管理工作规程》（建市监函[2017]51号）的要求进行填报。

三、监理工程师执业资格注册由住房城乡建设部审批，住房城乡建设部执业资格注册中心负责监理工程师执业资格注册审查相关工作。各级住房城乡建设主管部门要按照《住房城乡建设部关于修改〈勘察设计注册工程师管理规定〉等11个部门规章的决定》（住房城乡建设部令第32号）和《注册监理工程师注册管理工作规程》（建市监函[2017]51号）的要求做好相关工作。

四、各级住房城乡建设主管部门要按照“双随机、一公开”的监管模式，加强对注册监理工程师在岗履职情况的监督检查。对存在违法违规行为的注册监理工程师依法给予罚款、暂停执业、吊销注册执业证书等行政处罚，同时将个人的不良行为记入信用档案并通过全国建筑市场监管公共服务平台向社会公布，切实维护建筑市场秩序，保障工程质量安全。

本通知自2017年11月1日起实施。

中华人民共和国住房和城乡建设部办公厅

2017年9月25日

2017年10月开始实施的工程建设标准

序号	标准编号	标准名称	发布日期	实施日期
国家标准				
1	GB/T 51216-2017	移动通信基站工程节能技术标准	2017/2/21	2017/10/1
2	GB/T 51224-2017	乡村道路工程技术规范	2017/2/21	2017/10/1
3	GB 50422-2017	预应力混凝土路面工程技术规范	2017/2/21	2017/10/1
4	GB/T 51226-2017	多高层木结构建筑技术标准	2017/2/21	2017/10/1
5	GB 50404-2017	硬泡聚氨酯保温防水工程技术规范	2017/2/21	2017/10/1
行业标准				
1	CJJ/T 255-2017	中低速磁浮交通运行控制技术规范	2017/4/11	2017/10/1
2	JGJ/T 400-2017	装配式劲性柱混合梁框架结构技术规程	2017/4/11	2017/10/1
3	CJJ/T 117-2017	建设电子文件与电子档案管理规范	2017/4/11	2017/10/1
4	JGJ/T 417-2017	建筑智能化系统运行维护技术规范	2017/4/11	2017/10/1
5	CJJ/T 270-2017	生活垃圾焚烧厂标识标志标准	2017/4/11	2017/10/1

2017年11月开始实施的工程建设标准

序号	标准编号	标准名称	发布日期	实施日期
国家标准				
1	GB 50227-2017	并联电容器装置设计规范	2017/3/3	2017/11/1
2	GB 50418-2017	煤矿井下热害防治设计规范	2017/3/3	2017/11/1
3	GB 50415-2017	煤矿斜井井筒及硐室设计规范	2017/3/3	2017/11/1
4	GB 51227-2017	立井钻井法施工及验收规范	2017/3/3	2017/11/1
5	GB 51225-2017	牛羊屠宰与分割车间设计规范	2017/3/3	2017/11/1
行业标准				
1	JGJ/T 411-2017	中低速磁浮交通运行控制技术规范	2017/5/15	2017/11/1
2	JGJ/T 409-2017	模块化户内中水集成系统技术规程	2017/5/15	2017/11/1
3	JGJ/T 110-2017	建筑工程饰面砖粘结强度检验标准	2017/5/15	2017/11/1
4	CJJ/T 262-2017	中低速磁浮交通设计规范	2017/5/15	2017/11/1
5	JGJ/T 416-2017	建筑用真空绝热板应用技术规程	2017/5/15	2017/11/1
6	JGJ/T 418-2017	现浇金属尾矿多孔混凝土复合墙体技术规程	2017/5/15	2017/11/1
7	JGJ/T 408-2017	建筑施工测量标准	2017/5/15	2017/11/1
8	JGJ/T 420-2017	聚苯模块保温墙体应用技术规程	2017/5/15	2017/11/1
9	JGJ 353-2017	焊接作业厂房供暖通风与空气调节设计规范	2017/5/15	2017/11/1
10	CJJ/T 110-2017	建筑与小区管道直饮水系统技术规程	2017/5/15	2017/11/1

贯彻落实党的十九大精神，加快深化建筑业改革

举世瞩目的党的十九大2017年10月24日在北京胜利闭幕。全国各行业都在认真学习宣传和全面贯彻落实党的十九大精神，贯彻习近平新时代中国特色社会主义思想，以新气象、新作为开启决胜全面建成小康社会、全面建设社会主义现代化国家的新征程。中国特色社会主义进入了新时代，面对机遇与挑战，让我们撸起袖子加油干，不忘初心，牢记使命，严格把关，认真履职，把具有中国特色的监理制度发展好完善好，让监理事业的明天更加美好！

本期选取了部分企业在新形势下，如何应对挑战，拓宽企业发展方向所做的一些尝试，如利用各种资源与优势向外转型拓展业务、响应国家“一带一路”发展战略，积极应对挑战，运用新技术、新手段提升监理企业服务效能等手段，供广大读者参考借鉴。

新形势下监理企业如何开拓市场经营业务的探索

山西省煤炭建设监理有限公司　苏锁成

摘　要：监理行业处在新形势变革时期，如何有效地开拓市场经营业务，是保证企业生存与发展的关键所在，笔者在工作实践中探索出一些做法，收到一定的效果。

关键词：监理企业　开拓市场　经营业务

近年来，我国监理行业特别是煤炭监理企业正处在一个变革时期，随着国家一系列改革措施出台，比如煤炭去产能、监理服务价格放开、行业资质取消等，给监理企业带来一定的影响。面对机遇和挑战，如何成功有效地开拓市场经营业务是保证企业生存与发展的关键。山西省煤炭建设监理有限公司从2014年以来，在开拓市场经营业务方面做了一些探索和尝试，现将我们的一些做法与体会向各位领导与同仁们汇报。

一、面对挑战，转变战略

山西省煤炭建设监理有限公司在2010~2014年期间，通过自身努力和行业优势，占据了山西省煤炭基本建设近60%的市场，企业每年的监理业务经营额和签订合同额都在2亿元以上，综合实力连续八年在全国煤炭监理行业排名第一。但是随着煤炭价格走低、行业效益下滑，企业的优势逐渐减弱，监理业务合同额逐年下降，公司今后的生存和发展存在着不可预估的风险。面对上述情况，公司领导多次召开会议研究讨论，分析形势，寻找对策，确立了以开拓市场经营业务为中心的多元发展战略，并作为企业全年工作的重中之重；同时，加强领导，调整机构，将企业“市场开发部”改名为“市场经营部”，选派精兵强将，充实人员，建章立制、明确责任，同时，在各个省、地、市成立了市场经营管理分部，使开拓市场经营业务工作从上到下形成网络。并且，通过宣传引导，全体职工认识到了“有项目才能有市场，有市场才能有效益”，认识到了开拓市场经营业务对企业发展的重要性与紧迫性，增强了全体干部职工的忧患意识和危机感，在企业内部形成了“全员参与，开拓市场，人人行动，承揽业务”的工作氛围。

二、业务培训，增强实力

为进一步增强全体职工对市场开拓业务经营工作的认识，提高全体职工在市场经营工作中的能力和素质，公司组织对全体干部职工为期三天的市场经营业务培训，邀请企业部分领导和专家，还有曾经在公司成立时，白手起家、建功立业对开拓市场有丰富经验的创业者代表，以亲身经历传授经验。培训会上，企业领导对公司的市场经营战略做了详细解读，对开拓市场工作做了全面部署。专家们在讲授时，不仅为大家讲了企业的历史传承、发展亮点以及市场特点，还结合自己的工作实际，为大家讲述市场运作规律和经营市场经验。从信息、跟踪、沟通、协调、承诺五个方面表明“要做事，先做人”，要以“舍得”精神扑下身子跑市场；在培训中对如何获取市场信息、如何做好投标文件、如何计算投标报价、如何寻找项目的切入点等为职工进行了讲解辅导。参会人员分组进行了交流讨论，大家的感受颇深、收获很大，一致表示，通过学习培训，提升了个人开拓市场的能力，学到了前辈们诚实守信、吃苦耐劳的精神，在今后的工作中一定要合理协调和利用自己周边方方面面的资源，为企业开拓市场经营业务、增加效益作出自己的一份贡献。

三、应对形势，出台政策

为保障开拓市场经营业务工作的顺利开展，经过广泛采纳职工代表提出的意见和建议，领导层充分研究，制定印发了企业《开拓市场承揽业务管理考核办法》和《进一步落实开拓市场承揽业务管理考核办法的实施意见》。在经营业务管理项目上，实行“两个打破”，即打破区域界线、打破身份（资格）要求标准。要求公司领导成员带头深入基层一线，扑下身子跑市场，当好公司开拓市场的火车头；片区负责人坚持对片区煤矿建设项目和土建、市政、环保、水利、水保及公司“三产”业务进行跟踪，及早掌握信息，主动联系业务；市场经营部成员要逐人落实、分解任务；全体职工都要发挥个人优势跑市场、揽业务。同时，出台激励政策，本着以人为本、多劳多得的原则，对成功签回合同的人员给予一定的奖励。同时，机关各部室全力配合搞好服务，加强市场开拓业务承揽的后勤保障工作。年终考评，奖优罚劣，每年总结表彰会上对开拓市场经营业务的先进集体和具有突出贡献的个人进行表彰奖励。

四、干好项目，树好形象

监理项目是监理公司经营市场的前沿阵地，是创造企业形象和信誉的窗口，同时也是赢得新市场的起点。我们坚持常年抓好项目部管理，重点抓了以下两个方面：

1. 要求项目监理部严格按照《建设工程委托监理合同》和《建设工程监理规范》的要求实施监理，坚持守法、诚信、科学、公平的执业准则，做到严格监理、热情服务。严格过程监理，做好巡视预控，把质量、安全隐患消灭在萌芽状态，确保实体工程质量。通过我们优良的服务赢得业主信赖和满意，为拓展市场奠定基础。如 2017 年 3 月我公司在监理某矿建工程时，恰遇全省组织煤矿基本建设工作现场会领导参观该工程。在工程建设现场，与会领导对监理人员的良好素质和工作表现非常满意，受到领导和业主们的一致好评。在 2017 年 8 月，另一座煤矿建设项目监理招标时，一位参加过该现场会的业主提名要求我公司参与竞标，而且最后中标。可见，做好在建项目，就等于赢得了新的市场。

2. 公司对项目监理部实行定期或不定期的检查。依据相关法律法规、标准、规范、合同文件及质量、环境与安全，职业健康“三体系”标准，重点检查监理合同履行情况、监理资料及现场质量安全控制情况，并征询建设单位对项目监理部工作的意见和建议，以便及时改进工作。由于公司在项目监理过程中严格履行合同要求，在人员配备、管理控制、档案资料等方面都按合同和规范认真去做，受到业主认可和称赞。如太原市兰亭·御湖城住宅小区建设项目，公司在该项目一期的施工监理工作中，人员配备到位，工作认真负责，除了本职的监理业务素质过硬外，还积极为甲方提供服务，向业主提供合理化建议与多方位服务，获得了业主的高度认可。在该项目三期、四期的招标过程中，公司获得了业主青睐，在同等条件下，优先选中中标。

以项目为起点，就是以客户为起点。实践证明，只有真正把项目作为监理业务承揽的起点，才能做到干一项工程，创一方信誉，交一方朋友，拓一方市场，才能真正做到以项目带动业务滚动发展的良性循环。

五、内扩外转，多元发展

监理企业的市场经营，不仅要充分挖掘内部优势资源，还要利用各种资源与优势向外转型拓展业务。我们提出了“以煤炭为主业，以企业资源优势为基础，面向市场开展多行业、多门类监理业务，扩大业务范围，实行多元升级转型、多渠道创收”发展战略，具体落实“内扩外转”。一是内扩，即扩大企业资质范围。近年来，公司由矿山工程向房建、市政、水利水电、交通运输工程领域拓展业务。2017 年，公司市政公用工程提升为甲级资质，同时增加了环境监理资质、水利水保监理资质，人民防空监理资质，为公司开发新领域提供了基础保障。二是外转，即开发监理外转型项目。以企业现有的经济能力和人力资源为基础，培育企业新的增长点，目前，公司已投资合作 4 个新项目，都取得了较好的经济效益和社会效益，分别是：与山西兴煤投资有限公司合作开发的忻州国贸中心综合大楼项目，公司已投资 8100 万元，大楼主体已完工，内外装修于 2017 年 10 月底完成，现已进入招商阶段；山西美信工程监理公司，截至 2017 年 8 月底，承揽监理项目 59 个，签订合同额 290 万元；山西锁源电子科技有限公司，2017 年 1~8 月，销售收入 1419 万元；山西蓝源成环境监测有限公司于 2016 年 6 月 28 日取得山西省环保厅颁发的“环境监测业务能力认定证书”，并具备建设项目环保竣工验收监测资质，2017 年截至目前，营业收入 330 万元。

2017 年，公司通过加强开拓市场经营业务工作，收到显著效果。1~8 月份，公司共参与投标 86 个项目，中标 72 个，中标率 84%，签订合同共计 120 个项目，合同额达 8630 万元。

回顾企业的发展历程，面对当前市场经济形势，我们深刻认识到目前社会对监理企业的要求越来越高，市场竞争也愈演愈烈，监理企业面临的机遇与挑战同在，商机与危机并存，面对巨大的竞争压力，如何实现有效地开拓市场经营业务，是监理企业的努力方向，值得探索和实践。今后，我们还要审慎地回顾、理性地展望、认真地思考、积极地行动，以服务赢市场、靠品牌创效益，加强团结协作、奋力拼搏，只有这样煤炭监理企业才能科学、和谐、持续健康地向前发展。

“一带一路”战略带给监理企业发展的新商路

北京铁城建设监理有限责任公司　李立波

当今世界正发生复杂深刻的变化，国际金融危机深层次影响继续显现，世界经济缓慢复苏、发展分化，国际投资贸易格局和多边投资贸易规则酝酿深刻调整，各国面临的发展问题依然严峻。共建“一带一路”顺应世界多极化、经济全球化、文化多样化、社会信息化的潮流，秉持开放的区域合作精神，致力于维护全球自由贸易体系和开放型世界经济。共建“一带一路”旨在促进经济要素有序自由流动、资源高效配置和市场深度融合，推动沿线各国实现经济政策协调，开展更大范围、更高水平、更深层次的区域合作，共同打造开放、包容、均衡、普惠的区域经济合作架构。共建“一带一路”符合国际社会的根本利益，彰显人类社会共同理想和美好追求，是国际合作以及全球治理新模式的积极探索，将为世界和平发展增添新的正能量。

一、“一带一路”国家顶级战略概述

“一带一路”分别指的是丝绸之路经济带和21世纪海上丝绸之路。2013年9月7日，国家主席习近平在哈萨克斯坦纳扎尔巴耶夫大学发表演讲时表示：为了使各国经济联系更加紧密、相互合作更加深入、发展空间更加广阔，我们可以用创新的合作模式，共同建设“丝绸之路经济带”，以点带面，从线到片，逐步形成区域大合作。2013年10月3日，习近平主席在印尼国会发表演讲时表示：中国愿同东盟国家加强海上合作，使用好中国政府设立的中国—东盟海上合作基金，发展好海洋合作伙伴关系，共同建设21世纪“海上丝绸之路”。2015年3月，国务院正式发布《推动共建丝绸之路经济带和21世纪海上丝绸之路的愿景与行动》，标志着这个涵盖亚欧非65个国家的国家顶级战略全面开启。

“一带一路”战略是中国与沿线国家和地区分享优质产能，并非向美国“马歇尔计划”那样单方面输出。它是共商项目投资、共建基础设施、共享合作成果，内容包括政策沟通、设施联通、贸易畅通、资金融通、民心相通等“五通”。它肩负着三大使命：一是探寻后危机时代全球经济增长之道，二是实现全球化再平衡，三是开创21世纪地区合作新模式。“一带一路”战略实施的实质是提升沿线国家和地区在地理空间上的通达捷径，降低贸易、投资及人员往来、要素流动方面的市场壁垒，提高区域内市场交易活动的便利性，营造“一带一路”沿线国家和地区统一的区域市场。“一带一路”战略的实施将改善中国企业在“一带一路”沿线国家和地区的经营环境，降低中国企业的跨国经营风险，推动和加强中国企业“走出去”，以有效利用境内境外两种资源、开拓境内境外两个市场，获取更大的成长发展空间，是中国企业国际化的最大契机。“一带一路”战略的目标是通过实施一批带动性强并具有示范效应的重大合作项目，以点带面，从线到片，与沿线国家和地区共同打造新丝路上的联通网络，形成畅通无阻的贸易流、欣欣向荣的产业带、人文荟萃的新景观。

根据“一带一路”走向，陆上依托国际大通

道，以沿线中心城市为支撑，以重点经贸产业园区为合作平台，共同打造新中巴、孟中印缅、新亚欧大陆桥、中蒙俄、中国－中亚－西亚、中国－中南半岛等国际经济合作走廊；海上以重点港口为节点，共同建设通畅安全、高效的运输大通道。

二、“一带一路”战略带给监理企业发展的新商路

初步估算，“一带一路”沿线总人口约44亿，经济总量约21万亿美元，分别约占全球的63%和29%。大多沿线国家和地区尚处于工业化初级阶段，不少国家的经济高度依赖能源、矿产等资源型行业；而中国有能力向这些国家和地区提供各种机械和交通运输设备等，处于产业链的相对高点。在“一带一路”建设中，我国将在沿线国家和地区发展能源在外、资源在外、市场在外的“三头在外”的产业，进而带动产品、设备和劳务输出。这不仅会有效实现我国产能的向外投放，也会促进国外新兴市场的快速发展，经济互补性较强，彼此合作潜力和空间很大。基础设施互联互通作为“一带一路”建设的优先领域，为监理企业更快“走出去”、拓展境外市场、实现国际化目标、推动转型升级提供了难得的新商路。

三年多来，中国政府积极推动“一带一路”建设，加强与沿线国家和地区的沟通磋商，推动与沿线国家和地区的务实合作，实施了高层引领推动、签署合作框架、推动项目建设、推进亚投行筹建、发起设立丝路基金、强化中国－欧亚经济合作基金投资功能等一系列政策措施。以经济走廊为依托，优先部署中国同邻国的铁路、公路、港口项目，建立亚洲互联互通的基本框架；以交通基础设施为突破，实现亚洲互联互通的早期收获。中俄中东铁路、中泰“高铁换大米”计划、中巴瓜达尔港、匈塞铁路、中尼边界铁路、南美洲“两洋铁路”、泰国克拉运河、新泛亚铁路（京昆高铁－京沈－哈大－长春－吉林－珲春－海参崴高铁）、中俄西伯利亚铁路－北极航线（海运）、中缅油气管道、中俄油气管道等合作项目已经建成、正在建设或着手规划论证。同时，国内市场潜力巨大。推进“一带一路”建设，国家将充分发挥国内各地区比较优势，实行更加积极主动的开放战略，加强东中西互动合作，全面提升开放型经济水平。东北、西北、西南、沿海和港澳台地区因其独特的区位优势，将成为基建投资的重点区域。2015年各省政府工作报告中关于“一带一路”基建投资项目总规模已经达到1.04万亿元。从项目分布看，主要以“铁公基”为主，占到全部投资的68.8%。其中，铁路投资近5000亿元，公路投资1235亿元，机场建设投资1167亿元，港口水利投资超过1700亿元。尤其是2017年5月14~15日在北京召开的“一带一路”国际合作高峰论坛，29个国家的元首和政府首脑、多位重要国际组织负责人以及130多个国家的约1500名各界贵宾出席，发布了“一带一路”国际合作高峰论坛圆桌峰会联合公报，明确了6大合作目标、5项合作原则、14项合作举措，中国将向丝路基金新增资金1000亿元人民币。可以乐见，随着“一带一路”战略的全面推进，合作举措的渐进落地，监理企业将迎来更加蓬勃的境外发展商机。

三、监理企业在“一带一路”战略中应主动作为

根据专家预测，“一带一路”战略勾画的宏图最终实现，可能需要30到50年，将有超过万亿元人民币的资本在未来数年走出国门，助力“一带一路”建设。监理企业在稳步扩展国内市场的同时，也要在走出去方面精密规划，提前布局，既不可好高骛远、盲目出击，也不可畏首畏尾、贻误良机。

一是练好“金刚身”。打铁还需自身硬，没有优秀而足够的境外经营、管理团队，就根本不可能“走出去”。即使偶然机会得手，也不可能长远。监理企业要加强境外经营、管理人员的储备，通过外部吸纳、内部培养，打造一支懂技术、精管理、长

沟通、会协调、明法律、熟规则、谙惯例的复合型境外经营、管理团队。

二是做好市场调研，熟悉国际规则。企业走出去，不了解和把握好国际惯例与规则是根本不行的。盲目“走出去”，结果必然失败。要保证企业既能平稳走出去，又能安全走回来，就需要加强前期市场调研。一方面，加强对通用规则、国际惯例的了解，并进行全面宣教，不能把国内思维照搬为国际规则。另一方面，要对沿线重点国家和地区的政局、民俗、宗教、法律、文化、对华亲疏等进行详细了解和研判，选择合适的市场，规避文化冲突和法律纠纷。

三是发挥既有境外项目的“桥头堡”作用，实现滚动发展。对于在“走出去”方面已取得实际成效的监理企业，要干好在手项目，向所在国政府、民众、同行展示中国监理企业和监理人员良好的职业精神、专业精神、爱国精神、民族精神、协作精神，把项目打造成为所在国了解企业的形象窗口和进一步拓展所在国市场的“桥头堡”，树立良好口碑，广结有效人缘，凝铸竞争品牌，实现滚动发展，逐步建立起支柱性国别市场。

四是加强与大型企业的协作，实现“抱团出海”。就目前来看，国内监理企业仅仅凭借自身力量，单打独斗走出去，将会困难重重。如果能与中国铁建、中国中铁、中国交建、中国建筑、中国能建、中国电建等海外基建主力施工企业加强协同配合，以在总包模式下参与国际竞争，借船出海、抱团出海，不仅能够提升整体竞争实力，也加速监理企业走出去进程。

五是密切与国家相关部委及省市的联系，备好走出去的“门票”。“一带一路”战略实施，大层面上是政府间的协调沟通，属于“政府搭台，企业唱戏”，国家相关部委及省市发挥着重要的桥梁和引导作用。企业要想唱好戏，就必须找好舞台、熟悉舞台、适应舞台。一方面，要密切与国家相关部委及省市的联系，了解企业走出去的相关政策和程序，搜集和跟踪项目信息，提前办理相关手续，为走出去备好“门票”。另一方面，积极参与国家相关部委及省市在境外有关国家和地区举办的投资促进活动，考察了解国别市场，加强国际同行沟通，为后续行动提供决策依据。

六是密切项目跟踪，权衡而后动。“一带一路”是一个大的战略，战略的实施由千千万万个项目构成。就基础设施项目而言，有的属于中国援建，有的属于中国与所在国共建，有的是由中国提供技术或资金支持，有的是所在国自建。监理企业要加强对具体项目的跟踪和了解，对所在国政治局势、对华政策、竞争规则、法律法规及项目的资金来源、预期收益、工期安排、履约要求等进行全面而缜密的评估，防范纠纷和陷阱。

七是加强国际同行业资源的整合重组，为突击境外市场赢得先机。目前，全面参与国际间竞争的中国监理企业为数不多，与知名的国际同行比较，他们在管理模式和网络布局等方面比我们更具优势。因而，中国监理企业可与国际知名同行加强战略合作，在境外组建合资公司（控股或参股）或实施项目合作，加速“走出去”步伐，提升“走出去”质量。

八是加强风险应对。“一带一路”区域既是地缘政治冲突的热点地带，也是全球政治力量角逐的焦点区域。在“一带一路”战略框架下拓展境外市场，面临的政治风险、自然风险、环境风险、法律风险、战略风险、公司治理风险、投资风险、财务风险、汇率风险、运营风险、劳务风险等各种风险是客观存在的，而且随着国内外竞争加剧，风险与日俱增。监理企业在境外项目经营和生产过程中，要全面谨慎评估风险、制定风险预案、稳健化解风险，以最终实现“市场拓展、效益提升、品牌打造、发展提速”的目标。

同时，在“走出去”实践中，监理企业还需加强中外文化融合，融入当地文化，推动项目本土化；要坚持逐利不唯利，履行社会责任，积极与当地共建共享；吸纳和借鉴国际优良营养，提升企业国际竞争能力；要充分注意利用和保护企业的无形资产；完善境外市场经营、项目管理体系，建立有效处突应急机制等。

主动面对现实　积极迎接挑战

中咨工程建设监理公司

我国自1988年建设部发布《关于开展建设监理工作的通知》，提出建立建设监理制度并开始试点以来，1992年国家发布监理取费办法，监理制度得到逐步推广；1997年颁布的《建筑法》明确强制监理范围，工程监理取得了法律地位。近三十年来，建设工程监理制度的建立和实施，推动了我国工程建设管理模式的专业化和社会化发展，为工程质量、安全、进度和投资控制提供了重要保障，是我国工程建设领域改革的主要举措和成果，监理也已经成为工程建设领域不可或缺的一支力量。但是，监理制度从试点之日起，就争议不断。一方面，建设单位和社会各方面对监理的价值并没有完全认同，政府有关部门也认为工程建设质量和管理水平也并没有因为监理的存在而达到预期的效果；另一方面，监理行业也因职业风险大、社会地位低、责权不对等等原因，难以吸引和留住优秀人才，企业很难做强做大做优。因而，监理制度一直处于尴尬地位。党的十八大以来，我国开始全面深化改革，中央和地方有关政府主管部门出台了一系列改革措施和试点方案，虽然各监理企业都受到不同程度的影响，但大多数企业也经受住了考验，下面就我们中咨监理和我个人对监理行业的发展进行交流，供大家参考。

一、监理制度的改革是不可逆转的，是大势所趋

2013年11月，党的十八大作出了全面深化改革的决定。2014年初，住建部鼓励上海、江苏、广东等经济发达地区试点缩小强制监理范围，住建部2014年92号文《关于推进建筑业发展和改革的若干意见》，提出要“进一步完善工程监理制度”，此后深圳等率先提出取消强制监理制度的试点方案。2015年2月和3月，国家发改委两次下发通知，全面放开建设项目前期工程咨询、工程勘察设计、招标代理、工程监理、环境影响咨询费等5项咨询服务收费标准，实行市场调节价。国家发改委和住建部这一系列政策举措，在我国工程监理行业引起了巨大的震动，一些领导、同事、包括我本人也都一度出现悲观情绪，感到监理行业前途渺茫。为此，我们集团公司领导带队，专门赴住建部监理处、深圳住建局等行业主管部门、全国和北京市监理协会、深圳市工务署等公司长期的大客户处进行了调研，组织公司中层班子和业务骨干多次研讨，最后大家统一了思想。我们认识到，监理制度的改革，是在国家全面深化改革的大背景下进行的，也符合“市场在资源配置中起决定性作用”这一主线，同时，也是国外通行的、成熟的工程建设管理模式。因此，监理的市场化是大势所趋，不可逆转，但是，无论工程监理怎样改革，工程建设管理这个行业将会始终存在，在我国今后很长一段时间内，建筑业都仍将是国民经济的支柱性产业之一；有建筑业，就需要建设管理，就需要专业的工程建设管理和咨询队伍。专业的人，做专业的事，这就是市场在资源配置中的决定性作用。这样，我们集团公司领导、公司领导班子和骨干人员，能够正确认识工程监理的改革和发展趋势，思想统一之后，大家对前途也充满了信心。

至于国家发改委放开工程监理等工程咨询行业

收费标准，实行市场调节价，我认为这也是市场经济发展的必然结果。在我国监理行业起步、成长和发展初期，监理取费政府指导价起到了扶持、保护和规范作用，是适时的，也是非常必要的。但 25 年后的今天，放开监理取费标准，也是市场经济发展的必然结果，这虽然会在短时间内对监理市场产生影响，但不会使整个行业崩溃。为什么这么说呢？当前，监理服务水平良莠不齐，千差万别，可以说在绝大多数地区和项目上，监理取费政府指导价早已形同虚设，除了上海、北京等少数发达地区政府主导的工程建设项目按 670 号文件取费外，其余项目能够在政府指导价的基础上打八折就是万幸，政府指导价实际只是一个监理费打折的基数。那么，取消监理取费政府指导价和强制监理范围，对监理行业会产生怎样的影响呢？我认为，在我国市场经济发展尚不完善的现阶段，价格放开后必然在短时间内会出现市场混乱，我们在前一阶段的投标中已经深有体会，但这种明显低于成本价的市场竞争，不可能保证监理服务质量，更不可能为工程监理在行业赢得应有的社会地位，最终必将毁掉整个监理行业。所以，全国监理协会组织这次会议是非常必要的，也是及时的，规范价格行为、杜绝恶性竞争，是一个行业健康、可持续发展的基础，是监理行业长期发展的保障。

但怎样规范价格行为，是我们当前面临的难题，行业价格保护是国家明令禁止的，也是市场经济所不容的，事实证明也是行不通的 。取消政府指导价后，最终的定价方式是由市场决定的。最终的发展方向应该还是按人月报价，FIDIC 采取的是这种报价模式，亚行的项目是这种报价模式，国外的其他咨询行业也大多采取这种报价模式，对于业主而言，他付出什么样的代价，就得到什么水平的服务。对于监理公司而言，我提供什么质量的服务，也得到相应的报酬，优质优价，这符合公平、透明的市场经济原则，这种模式对业主和咨询企业都比较公平，风险也可控。

因此，未来几年，对于新起步的中小型监理企业，陷入无政府指导价后的恶性竞争是难以避免的，低价竞争的结果将被吞并或淘汰；优胜劣汰之后，部分在一些行业或地区有优势的中小企业将渐渐壮大。对于拥有丰富人力资源、技术实力强的大型监理企业，将发展成为工程管理公司，监理行业也必将逐步在市场经济的良性竞争中赢得新的生存和发展空间。

在应对价格的市场化方面，公司作为一个央企，始终以对国家、对行业负责人的态度，维护合理的市场竞争秩序。这几年的海外项目中，我们都是向业主推荐按人月报价的模式，业主最终也都采用了这种模式。至于人月单价的确定，公司是根据人员的工资及福利性成本作为基数，加上项目部的直接成本费用，以及部门和公司的管理费、公司合理的利润，这样确定人月单价的报价。国外项目通行的做法还包括咨询单位与业主在人月单价的基础上，在商定一个可报销费用金额，这部分费用据实向业主报销。这种可报销费用的模式，进一步降低了双方的成本控制风险。

二、响应国家走出去战略，主动迎接市场挑战

新形势下，我们必须有新思想、新思路，不变肯定是会被淘汰的，我们需要思考、需要调整、需要改革、需要有面对新形势的新对策。监理行业向何处去，其实政府主管部门在顶层设计中已经为我们指明了方向：按照国家全面深化改革发展的总体思路要求，以市场化为基础，国际化为方向。国际上市场经济发育成熟的国家，更多的是采用全过程工程项目管理的模式，围绕工程建设项目从前期策划、咨询论证、项目融资、勘察设计、招标采购到施工的全过程的特定目标，开展相关的管理咨询活动。

这几年，很多兄弟企业在非监理业务上发展很快，实事求是地说，我们中咨监理还是监理业务一支独大，合同额和主营业务收入产期占比超过 90%，虽然招标代理、项目管理业务规模都有大幅度提高，但年增幅还是低于监理业务的增长速度。在非监理业务的发展、企业业务结构的多元化调整方面，兄弟企业都有很丰富的经验，我这里着重向大家介绍一下中咨监理在践行国家走出去战略方面的一些体会。

“一带一路”是本届政府提出的重大国际化发

展战略，公司虽然在20世纪90年代成立之初，就开展了国际工程咨询业务，但一直没有形成规模，前几年国内监理业务高速增长，更是无暇顾及。随着我国经济步入新常态，监理业务也面临摊子越铺越大，但公司经营效益不能同步增长，甚至现金流越来越困难的尴尬局面，加上这两年对监理制度众说纷纭，多元化发展一度成为我们公司各层面热议的话题。在反复分析公司的各种资源配置、国外工程建设管理发展经验的基础上，我们领导班子提出公司的优势还是工程管理，近期还只能依靠监理业务，多元化必须以工程管理为基础的发展思路。经过几年的实践，证明多元化还有一个漫长的过程，项目管理在国内近期的市场不大，特别是北方和中西部经济欠发达地区。招标代理虽然经营效益较好，但对于我们这种体量的企业，也很难支撑。造价咨询由于政府主管部门的规定，我们这种全民所有制企业不能申请相应资质，就很难有大的发展。在住建部推动《进一步推进工程监理行业改革发展的指导意见》征求意见稿第一稿中，曾经提出对大型监理企业在申请造价咨询资质时，放开对注册造价咨询工程师持股比例的限制，支持大型监理企业开展造价咨询业务。但在后来的进一步征求意见稿中已经删除了这方面的内容，所以这条路也基本堵死了。在认真分析公司的优势和短板的基础上，我们终于在“走出去”战略中找到了自己的发展方向。

中咨监理的母公司中国国际工程咨询公司，过去一直以为政府提供国家重点建设工程的咨询评估为主业，随着国家投资体制的改革和“走出去”战略的实施，集团公司对业务方向也进行了调整，承揽了一批第三世界的政府委托、我国国家进出口银行在国外的产业园区、大型工程建设项目贷款的咨询任务。因此，集团公司也与我们公司领导班子达成共识，彼此发挥各自的优势，将业务领域向前后延伸。2013年，集团公司利用国家进出口银行委托的埃塞俄比亚首都亚的斯亚贝巴–吉布提铁路贷款项目评估的机会，同公司一起，与埃塞俄比亚国家铁路公司签订了这条铁路的业主代表咨询合同，合同总金额达4650万美元，公司具体负责这750km铁路的施工监理和项目管理。这个项目的实施，集团公司尝到了产业链延伸的甜头，相继又合作开发了埃塞俄比亚的沃尔迪亚/哈儿吉贝亚—默克莱铁路（北部铁路）全长218km的业主代表咨询服务合同、喀麦隆雅温得供水项目的EPC总承包管理、巴基斯坦瓜达尔港自由区起步区工程建设全过程咨询等项目。我们公司也通过这几个项目，积累了国外工程咨询项目的管理经验和工程业绩，并初步培养、锻炼出一支能够胜任国外工程管理工作的既懂外语、又懂业务的骨干队伍。在此基础上，公司加强与央企等大型国有企业的联系和沟通，发挥他们在国外的市场开发能力强、有融资实力的优势，弥补他们工程管理力量薄弱的短板，合作实现共赢。随着实力的不断增强，公司由与集团公司的合作开发起步，进一步发展到独立开发国际业务。最近，公司先后中标了老挝铁路二期的工程监理、哈萨克斯坦城市轻轨项目的工程监理和全过程造价咨询项目。这几个项目的总合同额超过人民币4亿元。

除了积极参与我国的“一带一路”战略外，我们还加强了与国外咨询公司的合作，利用国外咨询公司与亚洲开发银行等国际金融组织的长期合作经验，以及他们的国际工程咨询经验，发挥我们专业化施工现场管理的优势，参与了亚行贷款孟加拉国铁路项目的咨询投标，据了解，以公司为主办方的联合体已成功进入短名单，我们正在积极准备正式投标。

综上，我认为，随着我国经济进入新常态，建筑业很难再有过去那种辉煌，国内监理市场竞争必将越来越激烈，作为中咨监理这种大型监理企业，应该带头走出去，既为国家的“走出去”战略提供了支持，又为自己赢得新的、更加广阔的发展空间。这也是监理行业践行供给侧改革，向国外转移过剩产能的一种途径。当然，走出去的过程是有风险的，我们从借船出海到跟船出海，也是一个不断摸索的过程。但我们坚信，抓住“一带一路”的国家战略机遇，主动参与国际市场竞争，提升企业的国际竞争力，是大型监理企业的发展方向，也是我们这种国有企业在新形势下，为监理行业探索出一条有利于行业长期可持续发展道路应尽的义务和责任。

工程监理企业在“互联网+”新形势下的几点思考

武汉华胜工程建设科技有限公司　吴红涛

摘　要：本文在分析了什么是“互联网+”、建筑业已迈入了“互联网+”时代的基础上，剖析了“互联网+”新形势下工程监理将扮演的角色，提出了新形势下工程监理企业必须做好几个“+”的建议，展望了监理企业的美好未来。对“互联网+”新形势下工程监理企业的创新发展具有一定的指导和借鉴作用。

关键词：互联网+　工程监理　信息化　BIM

2015 年 3 月 5 日的十二届全国人大三次会议上，李克强总理在政府工作报告中首次提出“互联网 +”行动计划。大数据、物联网、移动技术、云计算、BIM、VR、AR、3D 打印、装配式建筑等，将对传统建筑业产生猛烈的冲击。作为工程建设领域的第三方——工程监理企业，更应站在行业角度上深入学习“互联网 +”，剖析“互联网 +”新形势下工程监理扮演的角色，认真分析新形势下企业存在的问题，才能找准应对之策，顺应新形势，做好转型升级，拥抱监理行业发展的春天。

一、“互联网 +”是什么

“互联网 +”是互联网思维的进一步实践成果，推动经济形态不断地发生演变，从而带动社会经济实体的生命力，为改革、创新、发展提供广阔的网络平台。笔者认为，不论“互联网 +”一词多么时髦、高深，其本质是互联网与某个行业进行的深度融合，创造新的发展生态，也就是利用互联网创新，而绝非简单的“XX+ 互联网”。其中的融合与创新，就是基于原始海量数据的采集、统计、分析、传输到显示终端，进而提供高效、可行、可信的信息给参与者研判、确认、采纳，避免重复劳动、解放思想、开拓思维、优化资源配置、提升劳动效能。因此，“互联网 +”融合到工程监理中，将颠覆传统的工作方式，促进行业转型、升级、创新，最终实现并履行好企业的社会责任。

二、建筑业已迈入“互联网 +”时代

党和国家对建筑业“互联网 +”发展高度重视，为其发展提供了坚实的政策保障保障。2011 年，国家住建部出台了《2011–2015 年建筑业信息化发展纲要》；2015 年 6 月，住建部印发了《关于推进建筑信息模型应用的指导意见》；2015 年 7 月 4 日，国务院正式发布《关于积极推进“互联网 +”行动的指导意见》；2016 年 8 月 23 日，住建部印发了《2016–2020 年建筑业信息化发展纲要》。

智能建筑是“互联网 +”的最好产物，“互联网 +”为智能建筑产业的升级转型提供了方向。该行业在2005年首次突破200亿元后，2014年市场规模已达4000亿元。新型城镇化建设的国家战略，智慧城市建设的深入铺开，更助推了这一产业的进程。有预测显示，中国智能建筑产业未来将以20%的年增长速度一路向前。

BIM应用作为建筑业信息化的重要组成部分，正在推动建筑领域的变革。《关于推进建筑信息模型应用的指导意见》（建质函〔2015〕159号）文件要求，到2020年末，建筑行业甲级勘察、设计单位以及特级、一级房屋建筑工程施工企业应掌握并实现BIM与企业管理系统和其他信息技术的一体化集成应用。到2020年末，以国有资金投资为主的大中型建筑、申报绿色建筑的公共建筑以及绿色生态示范小区的新立项项目勘察设计、施工、运营维护中，集成应用BIM的项目比率达到90%。

绿色建筑、新型城镇化建设、PPP模式、智慧城市、城市地下管廊建设、装配式建筑、建筑行业信息化标准顶层设计等无一不是“互联网 +”对建筑业的时代呼唤。作为传统行业的代表，建筑行业已开启了“互联网 +”的新征程，迈入了“互联网 +”时代，走在产业现代化的路上。

三、“互联网 +”新形势下的工程监理

毋庸置疑，大数据是“互联网 +”的核心引擎，而工程监理的核心何尝又不是数据（信息）呢？监理工作本质就是将现场采集的数据（投资、质量、进度）与设计、标准、计划数据进行比对、对现场获取的信息进行研判，通过语音、文档（电子、纸质）把这些数据（信息）传递给参建各方，体现监理的作为。由此可以展望，在“互联网 +”新形势下，借助更先进的平台、工具、手段，监理将扮演更加重要的角色。

（一）构建大平台、主导协同作业

在“互联网 +”新形势下，参建各方都融入了互联网，都有各自的工作平台，监理企业需要构建一个基于BIM、大数据、智能化、移动通信、云计算等技术的大数据信息平台，通过平台采集甲方、勘察、设计、施工、监理和质量检测等参建各方的工程建设全过程数据，实现全过程数据、建筑工程五方责任主体行为等信息的共享，保障数据可追溯。基于此平台，监理将主导参建各方协同作业，建立完善建筑施工各项管理目标信息系统，对工程现场全过程信息进行采集和汇总分析，实现施工企业、人员、项目等监管信息互联共享，提高目标管理尤其是施工安全监管水平。

（二）信息流的制定与监督者

传统的监理信息管理通过语言、纸质媒介传递，但基于“互联网 +”背景下，项目控制、集成化管理、虚拟建造等应运而生，传统的信息管理手段捉襟见肘，基于“互联网 +”新形势下的工程建设信息流管理迫在眉睫。工程监理企业必须制定基于大平台下的信息流（工作流、物流、资金流、内外部信息流）系统，制定在决策、设计、招投标、施工、维保营运阶段全过程信息流管理制度，并对执行情况进行监督和完善，实现信息流伴随着工程建设全过程的畅通、共享，实现工程建设的集成化、工程组织的虚拟化，实现真正意义上的主动控制。

（三）基于建筑信息模型工作

作为国家大力推行的建筑信息模型（BIM）技术，在建筑领域发展如火如荼，推动了建筑业大变革。监理企业不能独善其身，必须掌握并使用BIM技术武装自己。监理基于建筑信息模型工作，可以做好事前控制，对工程建设的质量、进度、投资进行预判、分析，对安全和信息流进行有效管理，为业主提供公正、科学的决策方案，提升工作效能，提供真正的智力服务。

（四）使用更为先进的工具、手段

“互联网 +”新形势下，激光测距仪、红外测温仪、测厚仪、数码游标卡尺、数显回弹仪、核子仪等检测工具将成为监理工程师的标配；利用智能放线机器人指导施工放线或对施工方的放线

成果进行复核，利用3D激光扫描仪对施工成品扫描后与建筑模型进行误差比对，利用无人机对施工过程进行巡检、拍照取证，将降低监理劳动强度，提高工作效率，增强监理工作的信服力；利用云空间，把工作流程、要求、做法、图纸大样、材料构建信息上传，现场任何人员都可以在相应部位手机扫码读取，省却交底时间，统一标准、做法；利用搭建的大平台下发指令、统计数据、实施纠偏、召开在线会议，主导参建各方协同办公，提升监理服务品质。

（五）基于大数据的分析和研判

“互联网＋”新形势下，建筑信息模型、先进的测量检测工具、专业工程软件的普遍使用，监理工作的重心将转移到基于大数据的分析和研判上。在项目前期，监理利用建筑模型进行碰撞检查、结构优化、WBS分解、进度编制、重难点分析；在项目实施过程中，对获取的如施工缺陷、实验结果、适时进度、资源配置、市场价格等信息进行分析和研判，实时监控施工质量、修改进度计划、优化资源配置，做到预警及时、纠偏准确，向建设方提供有价值的分析报告和势态预测，事前控制将不再是空谈。

（六）更有话语权

“互联网＋”新形势下，谁掌握了信息谁就掌握了话语权。监理企业通过上述行为，在大数据、信息化方面处于主导和核心地位，扮演着越来越重要的角色。在参建各方尤其是建设单位眼中，监理不再仅仅是一个简单的施工监督管理者，而是有效参与建设全过程的高效组织者和决策者、高智能服务专家，监理价值得以回归，进而拥有举足轻重的话语权。

四、面对新形势，监理企业应做好几个“加”

科技进步无法阻挡，“互联网＋”席卷全球，很多施工企业已在浪潮中大显身手，而我们的工程监理企业呢？还止步于“三控、三管、一协调”＋“旁站、巡视、平行检验”。既然无法回避并改变“互联网＋”对监理行业巨大冲击的现实，我们就必须思考、转变、自治、创新，在如下几个“加”上做文章，做出品牌和价值，履行社会责任。

（一）加快思想转变，加大企业创新力度

当前，很多监理企业还停留在为承接业务奔波、施工单位管理难、安全管理压力大、疲于应对政府主管部门检查、业主抱怨的层面，还停留在一把钢卷尺走天下、座椅板凳要甲方提供、人员流动大、监理费用不高的层面。还有不少单位，以为有了企业的OA办公系统、以为建立了几个公司或项目层面的QQ群、微信群就是信息化，就是“互联网＋”。这样能适应“互联网＋”新形势下社会对工程监理企业的要求吗？显然不能！

因此，监理企业的管理层要有高度的政策敏感性，要脱胎换骨地转变思想，加强对“互联网＋”的认识，深刻理解“互联网＋”和“＋互联网”的本质不同，制订“互联网＋”新形势下企业的创新发展规划，从企业可持续发展的角度上在思维、组织、制度、模式、技术、营销、人才等方面进行管理创新，理解并践行“以人为本”的发展模式，借助“互联网＋”的契机变革，转型升级。

（二）加强资源配置，加大人才培育力度

企业信息化建设工程是“一把手”工程，要时间沉淀，要“人”做事。当全员有了“大数据”“信息化”意识的时候，“互联网＋”下所能做、将做的一切必定不是空中楼阁，而是如鱼得水。信息化建设初期，需投入大量资金添置软硬

件，配备专业人士管理，做全员推广培训；运行阶段，大平台需专人维护、升级，项目部需配备专职信息管理员，全员都是数据信息的采集、上传、管理者。所以，除舍得资金投入外，更要有与之匹配人力资源。在人才引进上，传统主导专业要提高学历门槛，并向信息技术、网络安全、软件工程等专业的人才倾斜，做好培育工作，为迎接监理行业的“互联网 +”新时代的春天播下种子。

（三）加强学习研究，加大互动交流力度

工程监理企业提供的是智力型服务，成为学习型、研究型的组织是全社会对我们的要求，在“互联网 +”新形势下，这种要求更为急迫。我们要通过各种途径和方式学习，传递知识并转变思维，改善企业行为和绩效过程，打造学习型组织，推动创新性企业发展。在企业内倡导学习，营造“比、学、赶、帮、超、带”的良好氛围，打造与兄弟公司、科研院所之间“走出去、请进来”互动交流的宽松环境。业精于勤，只要能勤于学习、交流，我们就能在“互联网 +”中站稳脚跟，找准位置；持之以恒，只要能坚持初心，我们就能在“互联网 +”中有所为，有所不为。

（四）加强团结协作，提升行业影响力度

目前工程监理行业面临可持续发展问题、转型升级问题、安全责任问题等，“互联网 +”新形势下自身准备不足，家底薄弱，因此我们更应抱团取暖、团结合作而不是恶性竞争、相互诋毁，全面提升监理企业在工程建设领域地位提升行业影响力。行业内的优势企业应通过帮扶、联合体甚至兼并小企业等方式进一步做大做强，向工程监理“互联网 +”专业化、模块化发展；行业内企业间应以谦虚、善意的姿态对待同行，相互支持理解、团结协作、有序竞争；行业协会应积极研究制定“互联网 +”监理服务标准，引导监理企业之间互动交流，提高监理智力服务水平，提升监理行业的社会影响力。

五、借力“互联网 +”，提升监理企业的服务效能和形象

不论是逃避抑或主动面对，“互联网 +”时代已经扑面而来。在工程建设领域中有重要地位的工程监理企业，非但不能独善其身，反而要乘胜追击，否则我们将错失良机，成为时代的弃儿。工欲善其事，必先利其器，我们要借力“互联网 +”，在工程建设领域找准位置，找到合适的角色，利用我们擅长的信息管理技术和手段，成为“互联网 +”新形势下工程建设信息化平台主导者、规则制定者、应用者、传播者，成为真正独立的第三方，提供智力型服务，全面提升监理企业的服务效能和形象。

在“互联网 +”新形势下，工程监理企业必将插上信息化的翅膀，搭乘“互联网 +”的快车，步入良性发展快车道！

结语

“互联网 +”概念一经提出，影响巨大，意义深远，这也意味着建筑行业迈入了“互联网 +”时代。在这一形势下，工程监理企业尤应高度重视，领悟“互联网 +”的本质，适应新形势，找准在“互联网 +”的地位，为建设单位提供公正、科学的智力服务。但我们也要认识到自身的不足，需加强思想转变，加大企业创新力度；加强资源配置，加大人才培育力度；加强学习研究，加大互动交流力度；加强团结协作，提升行业影响力度。只有顺应新形势，强基固本，才能在新形势下有立足之地、持续发展，从而带动行业发展。

参考文献：

[1] 2015年中国建筑行业市场发展现状及行业发展前景
[2] 2016—2020年中国建筑行业运行态势及投资战略研究报告
[3] 李克强提出的“‘互联网+’是个啥概念？”
[4] 中国建筑施工行业信息化发展报告（2016）
[5] 2016—2020年建筑业信息化发展纲要

浅谈混凝土结构施工中常见质量缺陷及监理预控

浙江泛华工程监理有限公司 周衍杰

摘 要：本文主要讨论混凝土结构中常见的施工质量缺陷，以及我们监理企业应如何在事前、事中、事后进行预防和控制 。笔者结合西湖科技研发中心商务办公楼项目，就本项目测量放线以及钢筋、模板、混凝土工程碰到的质量缺陷及我们监理的预控措施，谈一谈自己的看法。

关键词：测量放线 钢筋、模板、混凝土工程的质量缺陷 监理预控措施

混凝土结构出现一些质量问题，经常是由于原材料不合格、操作人员不按规范施工，管理人员（即质量员、栋号长、技术负责人）把关松懈造成的质量缺陷，并直接影响观感质量和结构安全。所以，通过过程预控，尽早将质量隐患消除，是我们监理、业主、设计、施工等各方建设责任主体共同奋斗的目标。首先我们从测量放线、钢筋工程、模板工程、混凝土工程碰到的质量缺陷说起。

一、测量放线常见问题

①测量用的仪器（经纬仪、全站仪等）未经有资质的单位校对即投入使用（开工前检查施工测量仪器的合格证、有效期，并按要求检定合格）。②放角度线时，未按测量规范要求测设或计算数据不准等。③放完线后，无人进行复核（本项目要求技术负责带头做好复核工作，尤其是地基基础阶段，建立起有效的施工控制网，让施工单位养成测量复核的良好习惯，尽量避免测量误差带来的不利影响）。④放线测量人员不是专业的测量员，即无证上岗。⑤未按施工技术规范要求布控龙门板（控制桩），或龙门板（控制桩）施工过程中发生位移等。⑥铅笔画线不标准，或者拿棱镜的人员未拿好就进行测量。

二、钢筋工程质量常见问题

①原材料进场与合同标书及设计要求不符，见证人员必须严格进行把关，及时收集相关原始资料（如钢筋铭牌及其他材料的合格证，取得第一手资料）。②地下室阶段钢筋用量最大，施工单位有时会存在边送检复试边加工使用的情况，一经发现必须严肃处理（要求见证员做好本职工作，到一批验收一批，并做好跟踪工作，让施工单位养成先复试报验、后使用的习惯）。因为目前试验室检测工作较为混乱，经常存在取样、回送报告不及时等现象，严重影响现场项目进展。③梁上部钢筋连接位置不在跨中 L/3 范围，下部钢筋连接位置不在支座 L/3 范围内。④梁柱收头未按 101 图集要求制作锚固长度，尤其是变截面、无梁板及屋面位置的框架柱。⑤柱位置箍筋加密区长度设置达不到 101 图集要求。嵌固部位应该是柱净高 1/3、hc 柱截面长边尺寸、500 三者之间取大值；标准层应该为柱净高 1/6、hc 柱截面长边尺寸、500 三者之间取大值。另外，框架柱单肢箍漏放、弯钩角度达不到 135° 问题也应避免（很多工地存在一边 90° 一边

135° 现象，因为安装较为困难，班组很容易去偷工，如果一边是 90°，安装完成后要求用扳手扳成 135° ）。

⑥梁柱节点核心区位置箍筋设置不到位，此处为框架结构的薄弱环节，也是我们预控的重点。

⑦梁底二排主筋未分开、梁腰筋漏放、主次梁位置吊筋漏放等。

⑧剪力墙暗柱单肢箍是否按设计和图集要求安装，剪力墙拉钩是否按设计和图集要求进行梅花形布置（尤其是人防区，如设计不明确的，可以建议业主联系设计单位以联系单形式进行明确）。

⑨电渣压力焊和闪光对焊施工应尽量避免雨雪天气，必须施焊时，应采取有效的遮蔽措施，以免雨水溅到接头上引起脆裂。柱在同一截面内钢筋接头面积百分率不宜超过 50%，但柱受压接头不受限制。2015 年 9 月 1 日 GB 50204-2015 开始实施，其中第 5.4.6 条规定：当纵向受力钢筋采用机械连接接头或焊接接头时，同一连接区段内纵向受力钢筋的接头面积百分率应符合设计要求，当设计无具体要求时，应符合下列规定：受拉接头，不宜大于 50%；受压接头，可不受限制。但 GB 50204-2002（2011 版）是这样规定的：柱类构件不宜大于 50%（未明确受拉或者受压构件），但绑扎搭接接头柱类构件接头百分率仍不宜超过 50%。须注意的是，框架柱在偏心或者受较大水平力（风荷载、地震力等）的情况下，也是受拉构件。

⑩梁柱钢筋机械连接接头丝扣长度不足、切口为斜切面或者丝扣位置直径已瘦身（工人操作不当导致的），料场下料要按时进行抽检（机械连接复试取样工作必须认真对待，梁柱结构安全无小事）。

三、模板工程缺陷

①支模架是否按专项方案进行施工（高支模须进行专家论证，支模完成后须报施工企业技术部门进行验收合格，否则监理可以不予验收），主要表现为立杆顶端自由高度、顶托丝扣外露长度、纵横向剪刀撑、扫地杆、立杆间距不符合要求，尤其是大梁底下。

②大于等于 4m 的梁模板未按要求起拱，混凝土浇筑完成后跨中容易起反拱。

③图纸上的梁有些是中到中轴线，有些是偏中轴线的，如果木工翻样不仔细，很容易犯错，导致局部进行返工。

④楼层板面标高模板控制也容易存在如下错误：施工员给的原始点不准确，导致木工在操作过程中一错再错，如果过程中复核不到位，很容易出现返工现象。

⑤柱拆模后垂直度偏差较大，柱支模完成后须进行垂直度验收，拆模后进行复验；柱模加固不到位容易导致漏浆、胀模及毛角等现象。

⑥有些复合模板质量较差，热胀冷缩情况较为严重，尤其是夏天的时候，混凝土浇筑之前须提前一天进行浇水湿润；废旧模板必须及时进行更换，否则严重影响混凝土观感质量。

四、混凝土工程质量缺陷

①混凝土施工缝留置不符合规范要求，容易导致混凝土接茬位置明显分层。

②操作不当或漏振，造成蜂窝、麻面、露筋、孔洞等现象，尤其是层高比较高的柱根部及阳角位置，注意振捣时机和次数。

③框架结构，混凝土标号较多，多种混凝土标号在一起容易混淆，尤其是框架柱和梁（本项目采用快易收口网在柱外侧 30cm 进行隔离，效果较为理想）。

④混凝土浇筑过程加水，导致混凝土水灰比过大，严重影响混凝土强度。

⑤混凝土浇筑完成后养护不及时、不到位。目前混凝土厂家生产的配合比都较为保守，粉煤灰等掺合料过多影响早期强度形成，所以前期养护对混凝土强度的形成非常重要（本项目施工单位安排泥工班组专人负责养护，尤其是框架柱，拆模浇水后薄膜包裹）。

⑥对于混凝土质量缺陷，施工单位擅自进行修补，存在极大的质量隐患（事前必须进行监理技术交底，事中做好控制，一旦发现此类情况必须进行严肃处理）。

五、监理预控措施

形成以上测量放线、钢筋工程、模板工程、混凝土工程等质量缺陷一般主要原因如下：1. 设计单位的问题。很多设计人员本身能力有限，所以图审非常重要，有问题及早以书面形式提出请建设及设计单位确认，以避免不必要的返工。2. 建设单位问题。施工图纸不完善，边施工边设计边变更，非常容易出问题，把控不好容易出现返工现象，要求建设单位及早出具书面联系单或者完整的施工依据，避免扯皮。3. 施工单位管理不到位，如管理人员未进行技术复核和交底，自检工作不到位，工人操作不当。现在技术工人不像过去国企员工这么敬业，而且未经专业培训，又无老师傅带，放下锄头便是工人，建筑工程虽然是粗

	监理具体预控措施
测量放线	①监理专人进行测量复核 ②复核前要求施工单位技术负责人或者测量负责人做好复核工作，上报相关数据，并签字确认 ③关键部位（如±0.000）测量复核工作必须由技术负责人负责
钢筋工程	①熟悉图纸，辅助建设单位做好图纸会审工作 ②做好原材料见证取样工作，见证员必须尽职尽责，严格遵守先复试、后使用原则，一旦发现未经复试现场已使用情况必须严肃处理 ③验收前要求施工单位质检员必须做好自检工作，如发现钢筋漏放、少放、错放等情况必须进行严肃处理，避免沦为施工单位的质检员 ④熟悉规范和图集，做好关键节点的监理控制工作（如梁柱节点）
模板工程	①进场模板做好验收工作，严禁质量较差的模板进场，模板及时上油 ②成立实测实量小组，轴线、断面尺寸、标高、柱垂直度等数据必须进行实测实量 ③模板支模架验收施工单位必须有专人进行负责，自检合格书面确认后再行报验
混凝土工程	①开工前建议组织对混凝土厂家进行考察，选择合适的供应厂家 ②混凝土浇筑完成后要求施工单位必须做好养护工作（如柱包薄膜，有利于混凝土早期强度形成） ③混凝土浇筑过程中严禁加水，一经发现严肃处理（加水严重影响混凝土强度形成），过程中如发现做好影像资料留存，作为处罚依据 ④混凝土现浇结构拆模后做好轴线、标高、垂直度、截面尺寸等复核工作，由实测实量小组负责 ⑤浇筑过程中尤其要做好关键部位的旁站监理工作（如梁柱墙混凝土多标号、地下室电梯井、超限梁板等部位），关键部位浇筑顺序及技术措施要求施工单位专项方案中重点予以明确，拆模后定时进行回弹，采集相关数据作为强度参考

活、累活，但不是捡到篮子里便是菜，什么人来都能干，人若无责任心，很难把活干好，如钢筋翻样不到现场实测实量，导致下料不是过长就是过短。

要避免以上测量放线、钢筋工程、模板工程、混凝土工程等质量缺陷，我们监理必须要有强有力的预控措施，以本项目为例，笔者简单总结了6条预控措施：①要求施工单位组建强有力的现场管理班子，分工明确、责任到人、上下沟通顺畅、有问题能及时予以处理、并建立有效的奖惩机制，不合适的管理人员及时进行调整；②第一次例会必须重点明确监理程序，如有违反必须严肃处理（本项目发生过施工单位不听监理及建设单位合理指令违规施工，直接上报建设主管部门的情况），阶段工作完成后我们组织施工单位召开小结会议，以监理的角度对过去阶段出现的问题进行总结，对下一阶段工作进行规划探讨；③关键工序或者节点施工监理必须做好监理技术交底工作，并书面签字确认，关键节点部位误差超规范要求较大的，追究相关管理人员责任，严重的质量问题可组织施工单位主要管理人员及班组长召开现场会；④建立样板先行制度，加强管理人员与作业人员的质量意识，质检员自检工作必须切实履职，严禁流于形式或走过场；⑤建立业主－设计－监理－施工、监理－施工－班组长微信群，形成良好的沟通反馈机制，有问题、有整改、有闭合、有建议、有交底，互动效果良好；⑥建立实测实量小组，一切以数据说话，做到精细化管理，并每周在例会上以PPT形式图文并茂进行汇报。以上6项监理预控措施环环相扣，相辅相成，在本项目监理过程中取得了较好的效果，也渐渐取得了建设单位、施工单位的信任、理解和支持。关于测量放线、钢筋工程、模板工程、混凝土工程等质量缺陷预控措施，除了以上大方向上的6条措施，笔者还罗列了其他一些具体措施，详见下表。

参考文献：

[1] 11G101-1混凝土结构施工图平面整体表示方法制图规则和构造详图（现浇混凝土框架、剪力墙、梁、板）
[2] 混凝土结构工程施工质量验收规范（GB 50204-2015）

在监理实践中对抗震结构概念设计认识的重要意义

新疆建院工程监理咨询有限公司　苏光伟

摘　要：监理人要深刻理解抗震概念设计中的“延性”和“强柱弱梁，强剪弱弯，强节点强锚固”的含义。为什么抗震框架结构梁柱核心区、梁柱塑性铰区的节点做法在施工时不能忽视，这是因为该节点做法是建筑结构安全重要的抗震措施之一，而非一般构造措施。

关键词：抗震框架结构　梁柱核心区　节点混凝土强度及箍筋配置

在多年的监理实践中，施工现场在实际作业中，对抗震框架结构梁柱核心区、加密区箍筋绑扎，核心区、梁塑性铰区的混凝土强度与施工图纸要求做法相差甚远且人们丝毫不在乎。其原因有：一是这些部位在施工过程时的操作难度确实很大，导致工人干活时能减就减，能简就简。二是由于作业难度大的同时也加大了管理工人的难度，致使现场技术人员和监理人员难免不产生畏难情绪和敷衍了事的心态。三是最主要的一个原因，即施工技术人员和监理人员对节点部位的抗震概念设计和意图认知不够，即“强柱弱梁，强剪弱弯，强节点强锚固”的含义知之甚少。换言之，大家均认为不是纵向受力筋减少，只是节点箍筋的缺失或局部混凝土强度降低而无关大局，即典型的由于“不认识”，所以“不重视”。结果是核心区、梁柱加密区的箍筋绑扎随心所欲，核心区和梁塑性铰区的混凝土强度往往同梁混凝土强度相同。然而，这些节点的具体做法和要求又恰恰是“强柱弱梁、强剪弱弯、强节点强锚固”抗震措施在工程实体中的具体体现之一，而在施工过程中往往被忽视，这对抗震建筑结构安全是十分不利的。

作为质量“守门”的监理人，在质量控制上要有大的观念转变，不能将精心于设计、计算于毫厘节点的“关键点”在建造和监理过程中因疏于管理和监督而成了质量的“薄弱点”，在地震发生时为结构安全埋下隐患。因此，监理人要努力强化建筑结构抗震安全意识，深刻理解抗震框架结构节点设计意图、加强节点质量的管控力度对抗震建筑结构安全认识的重要性。为进一步增强专业说服力、强化节点管控力，严格按照图纸和规范的要求对节点的质量管控做到不无视、不轻视、不忽视，努力做到抗震框架结构节点施工正确，对确保抗震建筑结构安全有着十分重要的意义。

一、延性框架的抗震概念设计

对于一个抗震建筑是否具有较强的抗震能力，因素很多，但实现延性框架无疑是抗震设计的关键。结构的塑性变形可以消耗地震能量，具有延性的结构变形能力可以有效地抵抗地震。“延性”是抗震设计中的重要概念设计，“强柱弱梁、强剪弱弯、强节点强锚固”是抗震设计中的重要实现手段，而“节点”设计又是“三强”设计中提高构件延性来耗散地震能量，避免结构倒塌的关键措施之一。

实现延性框架成为结构抗震设计的关键。主要包括三个方面：一是通过调整构件之间承载力的相对大小，实现合理的屈服机制，即“强柱弱梁”“强核心区弱构件”。二是通过构件斜截面承载力和正截面承载力之间的大小，实现构件延性破坏形态，即“强剪弱弯”。三是通过采取抗震构造措施，使构件自身具有大的延性和耗能能力。

延性是指构件和结构屈服后，具有承载力不降低或基本不降低且有足够塑性变形能力的一种性能。塑性变形是指在外力作用下，产生收缩或伸长变形但不被破坏。换言之，延性实质上是材料、截面、构件或结构保持一定的强度或承载能力时的非弹性塑性变形能力。延性大，说明塑性变形能力大，强度或承载力的降低缓慢，从而有足够大的能力吸收和耗散地震能量，避免结构倒塌；延性小，说明达到最大承载能力后承载力迅速降低变形能力小，呈现脆性破坏，引起结构倒塌。

二、实现梁铰机制，避免柱铰机制是延性结构设计实现合理屈服机制的重要手段

实现梁铰机制，避免柱铰机制。其含义是塑性铰出现在梁端而非柱端，实现梁的弯曲破坏，避免柱的剪切破坏。梁铰机制之所以优于柱铰机制是因为：一是梁铰分散在各层，即塑性变形分散在各层，不至于形成倒塌机构，而柱铰集中在某一层，塑性变形集中，该层为软弱层或薄弱层，形成倒塌结构；二是梁铰的数量远多于柱铰的数量，在同样大的塑性变形和耗能要求下，对梁铰的塑性转动能力要求低，对柱铰的塑性转动能力要求高；三是梁是受弯构件，容易实现大的延性和耗能能力，柱是压弯构件，尤其是轴压比大的柱，不容易实现大的延性和耗能能力。

三、强柱弱梁，强剪弱弯，强节点强锚固是延性构件设计的具体措施

强柱弱梁。是指梁先于柱出现塑性铰，梁先于柱屈服。其含义是指在柱端弯矩之和大于梁端弯矩之和，即在同一个节点周边的梁端先于柱端出现塑性铰，使其整个框架体系有较大的内力、重力重新分布和能量消耗的能力极限层间位移增加，此是要通过梁的变形产生梁的塑性转动能量来吸收消耗地震能量，以减轻地震水平垂直作用力对柱的直接冲击，达到梁柱共同抗震的效果。

强剪弱弯。是指柱的剪力大于梁的剪力。从延性的角度讲，不论是梁还是柱，其破坏的顺序是梁先于柱破坏，弯曲破坏先于剪切破坏。这是因为剪切破坏延性小，耗能能力差，而弯曲破坏延性大，耗能能力强。

强节点强锚固。在竖向荷载和地震往复作用下，伸入核心区的纵筋与混凝土之间的粘结破坏，会导致梁端转角增大，从而层间位移，极易导致框架失败。因此，不允许核心区破坏，也不允许纵筋在核心区内锚固破坏，即所谓的“强节点强锚固”。

四、强梁柱核心区，强梁柱塑性铰区是避免结构倒塌的重要抗震措施

（一）强核心区箍筋和混凝土强度是确保核心区不被破坏的重要抗震措施之一。在外力的作用下核心区主要是沿斜裂缝剪切破坏或形成多条交叉斜裂缝后，又在反复荷载作用下混凝土挤压破碎，柱纵筋压屈成灯笼状。主要原因有二：一是从核心区混凝土强度看，混凝土强度不足可以降低受弯构件和压弯构件截面的混凝土受压区的高度，降低构件截面曲率延性，降低混凝土的压应力和钢筋的锚固力。二是从核心区的箍筋角度看，由于核心区没有箍筋或箍筋不足，降低了箍筋对混凝土的约束，引起混凝土破碎后最终导致纵筋压屈，削弱了构件抗剪能力。保证核心区不过早发生剪切破坏的主要抗震措施是确保该节点混凝土的强度、密实性和配置足够的箍筋。

（二）强梁塑性铰区是提高构件延性，增强塑性变形能力耗散地震能量的重要手段。

梁是框架结构的主要延性耗能构件。梁的破坏形态影响梁的延性和耗能能力，而截面配筋数量及构造又是与梁的破坏形态密切相关，其中梁截面混凝土相对压区高度，梁塑性铰区的截面剪压比和混凝土约束程度等为主要影响因素。

梁是受弯构件，承受弯矩和剪力。梁的破坏形态也可能是弯曲破坏，也可能是剪切破坏。梁的弯曲破坏分为少筋破坏、超筋破坏和适筋破坏；前两个为脆性破坏，后者为延性破坏。梁的剪切破坏分为剪切受压破坏、剪切斜拉破坏和剪切破坏；前两个为脆性破坏，后者为延性破坏。 构件在受到外力作用时，梁柱端钢筋屈服不是局限在一个截面，而是主要集中在梁端塑性铰区范围内，塑性铰区不仅出现竖向裂缝，还常常有斜裂缝。在地震往复作用下，竖向裂缝贯通、斜裂缝交叉、混凝土骨料的咬合作用渐渐丧失，主要依靠箍筋和纵筋的销键作用传递剪力，这是十分不利的。为了在使塑性铰区具有良好的塑性转动能力，同时为了防止受压钢筋过早压屈，因此，在设计时必须强化梁柱塑性铰区混凝土强度和箍筋加密，以增加抗剪能力。梁箍筋的作用有：一是与斜裂缝相交的腹筋承担很大一部分剪力；二是与架立筋、腹筋纵向受拉筋形成骨架；三是箍筋控制斜裂缝的开展，增加剪压区的面积；四是吊住纵筋延缓了撕裂裂缝的开展，增强纵筋销栓作用。

（三）强化柱塑性铰区箍筋。柱是压弯构件，确切地说是偏心受压构件。在影响混凝土框架柱截面延性功能的五大主要因素中，第一是箍筋的横向约束能力，包括体积的配箍率和箍筋的强度与构造形式，即纵筋配筋率和配箍特征值。第二是核心区混凝土抗压速的能力或核区混凝土的极限压应变能力，即混凝土的强度等级。三是轴压比。四是柱筋配置。五是柱的截面形状。其破坏形态大致可分为剪切破坏、弯曲破坏。剪切破坏形态可分为剪切受压破坏、剪切受拉破坏、剪切斜拉破坏。

框架柱箍筋有三个作用：一是抵抗剪力；二是对混凝土提供约束；三是防止纵筋压屈。设置箍筋是提高混凝土极限压应变、改善混凝土延性性能，对混凝土的约束是影响柱的延性和耗能能力的主要因素之一。

箍筋对混凝土产生约束程度的大小与配箍特征值有关。当轴压应力接近混凝土峰值应力时，混凝土开始出现细小裂缝，超过峰值应力后，混凝土急剧膨胀，横向变形增大，竖向裂缝扩大致混凝土最终压碎。强化柱塑性铰区箍筋后，箍筋约束混凝土的横向变形，而与其对应的峰值应变加大，更重要的是轴心受压应力一应变曲线的下降段超于平缓，这意味着混凝土的极限压应变增大，推迟了柱的破坏。

五、关于钢材的选用

为什么抗震结构框架梁柱钢筋必须选择带“E”型号的钢材。这是因为“E”的符号表示是抗震结构专用钢筋，即具有良好“延性”。钢筋的应力—应变曲线应有明显的屈服点、屈服平台和应变硬化段。其内涵从三个方面提高钢筋的延性。现行规范规定：“屈强比”不小于1.25。换言之，即钢筋的抗拉强度实测值与屈服强度实测值的比值不应过小，保证钢筋屈服后、极限强度前有大的塑性变形能力，有一定的强度储备；“强强比”不大于1.3。通俗讲，屈服强度实测值与标准值离散性不应过大，以保证实现强柱弱梁，强剪弱弯；最大总伸长率不小于9%，其目的是提高其塑性变形能力。简单地说就是变形而不至于破坏。通过钢筋本身的延性来增强构件延性，是提高构件抗震耗能能力的重要措施之一。

综上所述不难得出，“强柱弱梁、强剪弱弯、强节点强锚固”无不与梁柱纵向受力钢筋的延性息息相关；梁柱核心区和梁柱塑性铰区的延性无不与箍筋配置和混凝土强度息息相关。梁或柱的剪切破坏的任何一种破坏形态无一不与箍筋约束混凝土的应变延性和混凝土强度有关。配箍特征值（如箍筋的形式、强度、间距、数量、肢数、弯曲角度、平直段长度）以及混凝土强度中的任何一个因素均在延性设计中不同程度地起着举足轻重的作用。殊不知，我们不经意中对节点处的配箍特征值或混凝土强度或塑性铰长度某一个或多个数字做“小小”的改变，无论是梁还是柱，其衍生的问题就无意中直接或间接、或多或少改变了梁或柱的剪跨比、剪压比，和柱的轴压比关系。换言之，大大削弱箍筋约束混凝土的能力和混凝土的压应变和抗剪能力，从而降低了核心区和塑性铰区延性范围内塑性转动能力。也就是说改变了构件的延性，削弱了构件耗能能力，导致一种破坏形态为主、多种破坏形态为辅的情形同时出现，使其原本设计的延性或许大大降低，甚至变成了现在的脆性破坏，这对抗震建筑结构的安全极为不利。

因此，在监理过程中要严格按照图纸和规范要求对以下质量问题给予高度的重视。

（一）钢材的选用上。抗震结构框架梁柱所用钢筋必须带“E”。材料进场后严格检查验收，不能混淆和混用。

（二）核心区的箍筋和混凝土强度。核心区箍筋的数量、直径、间距、肢数、形式、弯曲半径、平直段长度以及混凝土强度必须与设计图纸相符；核心区的混凝土强度不得同梁的混凝土强度相同，除设计说明外。

（三）梁塑性铰区的混凝土强度。梁塑性铰区从柱边算起两侧往外延伸的长度≥0.5h，≥500，然后放45°（60°）角呈梯形状的范围。必须保证梁塑性铰区的混凝土强度与柱强度相同。除设计说明外。

（四）梁塑性铰区箍筋加密。梁塑性铰区箍筋加密区即一级抗震等级框架梁加密区≥2hn，≥500mm；二级至四级抗震等级框架梁加密区≥1.5hn，≥500mm。

（五）框架柱加密区箍筋。框架柱上下端塑性铰区箍筋加密区范围，嵌固部位（底层柱）≥Hn/3，其他部位等于柱长边尺寸，Hn/6，≥500，取其大值。

（六）框架梁钢筋进入支座的长度。梁上下部纵筋伸至柱外边（柱纵筋内侧）且≥0.4Labe。前者是满足核心区梁纵筋的锚固力，来抵抗因地震往复错动使混凝土提前粘结破坏，是抗震构造措施之一。后者是构件荷载达到极限而钢筋不被拔出的构造要求。

（七）核心区和梁柱加密区不宜出现机械连接和搭接连接接头。

参考文献：

方鄂华.高层建筑钢筋混凝土结构概念设计.北京：机械工业出版社，2014.

浅谈把握监理与承包商关系的几点启示

浙江华东工程咨询有限公司　王洪超　刘　刚

摘　要：工程建设中，如何把握并处理好监理与承包商关系，是双方均应该考虑并重视的问题。为正确处理二者之间的关系，有必要为监理与承包商关系的良性发展进行探讨，下面从监理的角度谈谈在把握监理与承包商的关系时应注意的几个方面，仅供参考。

关键词：浅谈　监理　承包商　关系

在工程建设中，监理、承包商二者关系融洽与否，不仅关系到工程能否顺利开展，而且会直接影响到工程质量的好坏。因此，监理、承包商二者关系如何定位与把握，一直以来都是各方值得思考和探讨的问题。

监理作为工程合同的监督管理方，有责任、有义务站好每一班岗，把握每一个细节；而承包商作为工程合同的执行方，也有责任、有义务做好每一项工作，落实每一项要求。二者之间是一种监理与被监理的工作关系，在工作开展过程中，因责任和目标不同而存在着利害冲突，进而可能形成对立局面。首先，监理要为业主利益考虑，在保证质量、安全的前提下，尽量地减小投资、节约成本，而承包商则更倾向于增加投资，以提高利润、创造价值，能够使利益最大化；其次，监理希望工程质量优良、保证率高，而承包商更注重降低成本、减少投入。总之，作为参与工程建设的不同双方，均站在不同的角度为工程服务，但目的是保质、保量的完成合同任务，交付一个产品合格、质量过硬，并经得起时间考验的工程。然而，往往在工程的实际开展过程中，监理与承包商经常处于对立面，由于经济利益的驱使，部分承包商不可避免地会偷工减料、以次充好，降低工程质量和标准，以节约投资成本，从而为其自身创造可观的经济效益，而因此也给监理的工作带来一定的难度。

如何把握处理监理与承包商的关系，下面我从监理的角度由以下几个方面简谈一点个人体会。

首先，互相尊重、注重礼仪。

中华民族自古是个礼仪之邦，人与人之间互相尊重、礼貌交往，不仅体现一个人的素质，也展现一个企业的形象。俗话说：礼多人不怪；尊重对方，才能赢得对方的尊重。因此，学会尊重对方，学会说“你好”“麻烦”“请”“谢谢”等，不仅会让你更有亲和力，也会增加你的人格魅力。事实上，承包商与监理的交往主要是通过人与人之间的沟通、交流来实现的，而工程监理本质上就是人的管理。我们需要别人的尊重，同样也需要尊重别人，而尊重是有效管理的重要前提和保障。因此，作为一名监理工程师更应该注意这一点，赢得尊重可以使监理工程师更好地开展监理工作；你的一言一行不仅体现你的个人素养，也是监理公司良好形象面貌和企业文化的具体展现。

诚然，监理的权利来源于业主方的授权，在业主方与监理之间工程委托合同成立时，监理与承包商之间的关系也就随之确定，二者属于监理与被监理的关系，但在实际过程中往往并非如此。二者在工程逐步开展中逐渐演变为“对手”，一方甚至为追求利益最大化而可能采取一些不恰当的措施，进而影响到了工程质量和安全，而另一方为严格执行标准和要求而“挑毛拣刺”“吹毛求疵”，总之二者之间始终处在博弈和较量的状态，看到底是谁的本领更强，能耐更大。一名监理工程师，如果不能与施工人员好好的沟通、交流，态度傲慢、语气生硬，往往带一种“命令”式的口气，多数时候很难让对方接受或心悦诚服，但对方又迫于监理的权利及威严，又只能忍气吞声，默默地以继续“作假”“偷工减料”和降低“标准”来讨好对抗。长此以往，不仅会让矛盾激化，也会给工程埋下重大质量隐患和安全隐患。

因此，监理工程师与承包商工作交往的时候，不妨学会尊重对方，学会微笑、说客套话，要把握“威”而“亲”的原则，在遇到故意刁难时，首先要克制自己的情绪，端正态度，或许会让监理工作更加容易开展。

其次，把握原则、注重细节。

作为一名监理工程师，应在法律、法规及合同授权范围内，严格履行自己的岗位职责，站在公正、客观的立场上，独立地解决工作中出现的问题；其主要职责就是按照设计文件、技术标准以及合同要求进行严格监理，监督承包商按照设计文件进行施工，并协调各方面的关系，做好工程的各项服务工作，促进施工的正常、有序开展。

因此，在监理工作开展过程中，要把握一个重要的原则，涉及工程安全、质量的问题要坚定立场、不能轻易放松，否则很容易让承包商钻空子、打擦边球；同时，作为一个工程的直接管理者，特别要时刻注意自己工作的方式、方法，始终站在主动的位置，诸如对工程管理文件、技术标准等施工依据的了解程度要高，关键内容要熟悉掌握，并灵活运用，否则很容易使监理工作陷入被动状态。甚至某些时候，承包人或许可能故意设置一些漏洞或陷阱，如低质高评、计量避实就虚，索赔、设计变更等；对此，监理工程师必须坚持原则，不能随意许诺、应允，否则看似融洽了与承包商的关系，实则放纵了承包商，长此以往不但乱了规矩，工作程序也被打乱，不利于监理工作的规范开展，也有损合同的严肃性。

而事实上，在实际工作中，建设项目工程工作量往往很大，又涉及方方面面，不仅影响因素多，且监理工作的不确定因素也很多，又主要与人打交道，故而需要一定的原则性和灵活性，关键在于如何把握和处理。若死板地照搬、照抄规范，“跟着本本走”，不仅有碍监理水平的体现，而且不利于工程的开展。因此，作为一名监理工程师在坚持原则的同时，更要合理掌握灵活性。灵活性不仅要建立在参建各方利益的基础上，也要建立在不违反原则的基础上，对具体问题进行实事求是、灵活处理，可以赢得参建各方的尊重和认可。公正、科学、实事求是地处理问题，能够进一步融洽监理、承包商关系。

另外，监理与承包商的沟通交流主要建立在人与人交往的基础之上，承包商偶尔邀请监理人员吃饭、喝茶等消遣娱乐活动避免不了，如何把握、处理承包商的“吃请”问题，关键在于监理也要掌握的一个“度”，如果经常性受邀出入各种消费场合，绝不利于监理工作的正常开展，还可能产生职务犯罪问题；若拒人于千里之外，则会给人以自命清高、不谙世事的形象。总之，原则上在不破坏监承关系和附加任何条件的前提下，在业主、设计等各参建单位的共同出席下，监理可以适当接受承包商的邀请，如此不仅不会影响工程的正常开展，或许还会进一步融洽参建各方的关系，进而形成一个工程参与方利益共同体，一起为工程的顺利开展出谋划策，从而提高为工程服务的向心力、凝聚力。

譬如，在主体工程某营地项目建设上，监理工程师巡查时发现部分屋面防水所用卷材与设计图纸和监理审批的材质不相符，且卷材沿女儿墙上沿高度不足。经调查发现，系现场作业协作队因材料不足而采用其他类似材料代替。之后，承包商多次沟通希望适当降低标准，被监理工程师严词拒绝，最终在监理工程师的坚持下而全部返工处理，从而消除屋面防水的质量隐患。最后，在参建各方的共同努力下，工程按时完成，并顺利通过验收移交。在工程验收会上，承包商坦言：从事工程施工多年，首次遇到如此高效热情、作风正派、管理规范的监理单位，工程自开工到结束从未吃、拿、卡、要过承包商，就是旁站值夜班时的工作餐也都按照市场价缴纳费用。因此，在场的业主人员深感惊讶和赞叹，衷心地对我们表示欣赏和敬佩，此后业主有关领导也多次在主体工程建设会上表扬我们公司的规范管理及敬业精神。

因此，作为一名监理工程师，如何融洽与承包商的关系，关键在于掌握“严”而“活”原则。

再次，监帮结合、共同学习。

在目前国内工程建设形势及大环境下，一些建筑企业因急于扩大市场规模、壮大队伍，再加之建筑工程工作环境条件的特殊性，一定程度上造成技术性管理人员的缺失或流失。为满足现场的施工需求，同时也为培养、锻炼技术人员，承包商往往安排一些年轻同志在工程管理岗位上，由于缺少相应的施工经验，不仅给工程现场技术、质量管理造成一定的困难，也给监理工作的开展增加一定的难度。因此，作为一名监理工程师，对承包商做到“监”“帮”结合很有必要，在规范监理的同时，可以充分利用自身的工作经验和实践适当指导现场施工生产，提出建设性的意见，不仅能够融洽二者之间的关系，而且有利于施工生产的顺利开展，甚至还能建立起“统一战线或利益共同体”，为工程建设充分发挥集体团队的力量。

诚然，近些年监理行业蓬勃发展，队伍也在迅速扩充，部分监理人员的素质确实有待提高，虽然国家监管部门已加强了行业监管及企业自律，但也并非人人能力出类拔萃、技术样样精通。监理工作中，若由于对职责和权力不能深刻地领悟与理解，进而出现认识偏差，而实际工作过程中又因水平低、力度差、方法不当，很可能会引起承包商不满。毕竟，对于一些从事大型工程施工的企业和承包商，大都有着丰富的施工经验，很多地方值得借鉴、参考和学习。因此，作为一名监理工程师，只有态度诚恳、虚心认真地学习新技术，以博取众家之长，补齐自身之短，才能满足工程建设监理的需要。

譬如，在某堤防工程的施工过程中，由于地质条件较差，为了保证工程安全，设计修改变更调整为振冲碎石桩的施工方案，鉴于工程项目的特殊性，监理工程师无此方面的工程监理经验，承包商也无施工经验，而且承包商技术、质量管理岗位责任人又都是年轻人，更缺少施工经验。为了保证工程的质量，承包商咨询有关单位，选择有资质的分包商承担施工任务。在施工过程中，监理工程师、承包商查阅大量资料，了解施工工艺，参照类似工程施工经验，研究、讨论并制定详细施工方案，并结合现场实际条件，共同编制试验大纲，进行填充料的级配试验、振冲桩工艺试验，经检测合格后才进行全面施工。在这项工程施工过程中，监理、承包商本着对工程负责的态度，监帮结合、共同学习，借鉴施工经验，协助配合完成施工任务，收到良好的效果，不仅双方建立了良好的信任感，也提高了双方的技术水平，为工程以后的顺利开展创造了良好的环境。

最后，密切沟通、换位思考。

为了保证工作的质量，遇到问题及时沟通，共同协商，把问题消灭在过程中是很有必要的。鉴于监理工作的特殊性，一些问题处理不当，很容易让双方产生矛盾，不及时消除，日久生变，会使矛盾进一步激化。

因此，在把握、处理与承包商关系时，监理要站在主导的地位，要具有超前的意识和全局观念，工作中坚持以预防为主，这样不仅可以消灭隐患于萌芽状态，而且会大大减少因处理施工中出现的质量问题而产生的各种矛盾。同时，少出问题，相对来说就比较容易相互理解与配合，避免工作被动。为避免双方之间产生矛盾、出现隔阂，二者之间有必要建立一种沟通、交流机制，学会换位思考，不仅有利于工作的顺利开展，而且能够及时消除双方的误解，让双方能够和谐相处，为实现共同的目标而努力。

譬如：在一次对承包商混凝土低强事件处理上，经现场调查分析，混凝土低强的原因为施工现场未按照施工配合比进行拌制混凝土，且质检员、试验员未到现场指导、检查，该问题的出现是由于质检工作不到位，缺少现场质量控制措施。为此，监理中心对自身监理工作进行了深刻反省，对主管监理工程师进行通报处罚，对承包商也开出了罚款单，并对质量负责人及相关责任人进行了点名批评。因此，承包商相关责任人因有特殊原因而觉得有些委屈，因此而心存芥蒂，思想上会有想法；此时，监理工程师若能提前告知或沟通，说明该事情只是就事论事，罚款不是目的，只是为敲响警钟，等等。如此处理或许会让承包商更能吸取教训，避免此类事件的再次发生。

总之，监理与承包商之间不定期的相互沟通、交流，不仅有利于工作的顺利开展，也有利于人际关系的进一步的拓展。

总的来讲，要真正处理好监理与承包商关系，不仅仅要依靠双方的共同努力，也要有赖于参加工程建设各方认识的进一步提高，特别是业主的支持和承包商的理解，但最终要依靠建设监理制度的逐步完善和发展。当然，国内工程环境正在逐步改善，各种制度正在进一步建立、健全，相信不久的将来，在大家的共同努力下，国内的工程环境一定会取得长足的进步。我们监理作为工程的监督方、管理方，只有不断提高业务素质和监理水平，才能赢得业主的支持和承包商的信任。除了要具备专业技术、经济法律、管理能力等综合素质外，还应有丰富的实践经验，在工作中要取得承包商的配合，积极主动地调动各方面的积极性，并坚持守法、公正、科学的原则，以合同为准绳，以事实为依据处理问题，处处体现监理工作的独立性、公正性、高效性和廉洁性，工作起来，才能名正言顺、理直气壮，使合同得以有效顺利实施。只有这样才能搞好监理与承包商关系，缓解双方的紧张局面，收到良好的效果。

参考文献：

[1] 中国建设监理协会. 建设工程监理概论. 北京：中国建筑工业出版社，2009.

浅析地下综合管廊前期施工安全防范措施

厦门港湾咨询监理有限公司 章艺宝

摘 要： 地下综合管廊的开发和利用是当今世界现代化城市建设的发展趋势，也是城市建设实现可持续发展的必由之路。随着我国经济的飞速发展，地下综合管廊建设也蓬勃发展起来，与之同步进行的地下工程施工扰动对环境的影响也日益趋重。城市深基坑施工不可避免会对周围岩土体产生扰动，进而对邻近的建筑物（构筑物）及地下管线产生影响，严重时会危及建筑物（构筑物）及地下管线的安全。本文旨在为深基坑开挖的安全防护管理及地下管线构筑物的保护提供理论基础与技术路线。

关键词： 综合管廊 地下管线保护 构筑物保护 深基坑安全防护 监理

一、项目基本情况

城市地下管线建设，如同城市的“里子”。在重点项目开工月里，十堰作为全国十个地下综合管廊建设试点城市之一，在全省率先启动地下管廊建设。对监理单位、总包单位综合实力、单位资质、各专业管理人员要求高，特别委托厦门港湾咨询监理有限公司（综合资质共 14 个专业：港口航道、路基路面、桥梁隧道、石油化工、房屋建筑、市政工程、机电安装。服务范围包括项目管理、工程顾问、勘察设计、招标代理、施工监理、造价咨询、试验检测），更专业地服务十堰地下综合管廊施工管理。项目位于十堰市郧阳区滨江新区沧浪大道，湖北省内首条地下综合管廊项目建设，十堰地下综合管廊建设成本每公里近 7000 万元，总长 51 公里，总预算 35.5 亿元，设计使用年限达到 100 年，建设单位：十堰市政府和中国建筑股份公司，设计单位：上海市政工程设计研究总院十堰办事处，监理单位：厦门港湾咨询监理有限公司，施工单位：中国建筑股份公司（中建三局）。项目建成后，包括电力、雨水、热力、通信等在内的 9 条管线将会全部进入廊体。地下管线分属不同部门，每次埋入或维修，都要把道路掀开。而地下综合管廊工程，把各种管线集中起来管理。电力舱是一个单独的舱室，它里面可以把给水管、中水管，还有综合垃圾真空管，都放进去；而燃气管道只能在另外一个舱室。这样的舱室，在地下两米深的位置，空高比 1 层楼还高，达到 3.5m，最宽可达到 13m。建成后，埋设、维修地下管线时，工人顺着通道，进入管线区作业，再也不用反复破坏马路。

二、前期准备

工程项目开工前，根据建设单位提供的施工现场及毗邻区域内供气、供水、供热、通信等地下管线资料，相邻建筑物和构筑物、地下工程的有关资料，进行现场勘察、核对，确认无误。特别针对施工区域的供气、重要通信干线、高压走廊等设施，采取切实可行的施工措施，保证设施在施工期间的安全；同时，做好施工期间涉及对供气等管线设施保护的协调工作。任何班组和个人在施工作业过程中，发现施工现场供气、供水、供热、通信等地下管线或区域内的高压走廊、建筑物和构筑物存在安全隐患，应及时向班组长和项目部报告；情况严重的，应当停止施工，快速报告。

三、组织措施

①明确项目的管线构筑物和管线工作的责任人和专职构筑物管线保护监督员，熟悉周围建筑物及地下管线情况，并在施工平面图上详细标明，同时根据施工需求提出具体的搬迁及保护措施。

②坚持按照有关要求办理有关手续和对管线进行监护，要求有关单位进行现场交底监护工作。

③必须在管线单位到场的情况下方能进行相关施工。

④施工前，根据业主和管线单位提供的地下管线资料采用物探、坑探手段对施工范围的地下管线进行确认，并且开挖样洞，并以书面资料上报业主和监理。

⑤对需要进行加固保护的管线，召开管线协调会，拟定加固方案。工程施工中，严格按照确定的管线加固保护方案实施。并有管线监护人员进行现场监护。出现问题，立即停止施工，并上报业主和有关单位。

⑥进行信息化施工，加强对范围内，因施工而影响的构筑物和地下管线动态变化的监控，根据监测数据变化的情况，及时调整施工方案，确保相关物件的正常运行和稳定。

⑦定期召开与有关单位的配合会，随时掌握有关管线的情况，为施工服务。

⑧施工中发现管线有异常现象和管位有差异，可能对地下管线的安全和维修产生影响时立即停止施工，同时与相关管线单位联系，落实保护管线的措施后方可继续施工。

⑨施工时，技术负责人、施工管理人员必须向一线直接操作人员做好保护地下管线的交底工作。

四、构筑物保护

①施工前，对既有结构设置若干检测标志并编号，通过相关单位复核后提交有关单位一份书面资料备案。

②从整个施工过程到竣工结束，必须每天复测一次监测点，最后按招标文件要求整理成册。

③对顶管施工管线穿越构筑物的点位，在作业前，先拍照取证。每天观测构筑物的相关变化，发现有安全隐患的立即停止施工，待排除隐患苗头后再复工。

④对特别危险的构筑物，施工前必须拍照取证。

⑤对于几个岔道口的构筑物，采取设置沉降观测点措施。

⑥在施工期间连续沉降观测，频率为每周两次，需要时适当加密，如发现特殊情况及时停止施工，在查明原因及采取措施后才能继续施工。

五、管线保护

对于公用管线的保护，首先采用开挖样洞等方法探测公用管线，摸清管线的位置、深度、直径，在施工平面图上明确标明，施工前进行探挖，使关键部位的管线完全暴露。在施工中，将采用适当的办法加以保护。对于纵向平行的管线，如果其中心线距基坑边较近。则在开挖时，该部位的基坑支撑必须加强加固，如替换板桩或加密撑柱等，必要时管线搬迁。对于地下管线及架空线，主要采取下列加固措施：

①给水管等硬管：除对基坑加固支撑外，还应在基坑开挖前，在该位置人工开挖样洞摸清管线走向、高程、种类、管节的接口位置，在钢板桩或桐木横架将要开挖的沟槽（基坑）上用钢丝绳将管子吊住。如果管子接头全部暴露在外，则在两

节管子的接口处都要以钢丝绳吊牢。

②通信管、电力导管等，因这种管线的导管长度较短，安全可靠的方法是采用下托上吊的措施，即以在导管的背面用 4 × 8 寸板或板桩托着，上面用钢板桩等连同托板将管子一起吊牢。

③施工区域附近的架空线，在施工期间采取加固电线杆（靠开挖一侧打排桩，相对面用钢丝绳拉牢定位）及派专人监护，防止作业时危及线路正常运行。

六、深基坑工程施工安全管理

（一）管廊开挖防护

1. 自然放坡适用于周围场地开阔、周围无重要建筑物的深基坑工程，一般出现在郊区，安全风险相对较小，因占地大、回填量大而较少采用。

2. 管廊在开挖过程中，需进行单独围护。围护要求按规范进行高不得低于 1.8m。

3. 管廊开挖出的土按规范堆放在距离管廊边缘 1.5m 处，沟边松动物需清理干净，防止人员或物体坠落伤人。人员在施工过程中，要戴安全帽。

（二）支挡式结构支护

支挡式结构具体形式有锚拉式支挡结构、支撑式支挡结构、悬臂式支挡结构。支挡式结构一般由排桩、地下连续墙、锚杆（索）、支撑杆件中的一种或几种组成。

1. 排桩和地下连续墙施工安全管理

支挡式结构的排桩包括混凝土灌注桩、型钢桩、钢管桩、钢板桩、型钢混凝土搅拌桩等桩型。

对于机械成孔，地下连续墙施工过程中，可能发生机械伤害等主要事故类别。对此，机械施工应注意以下事项：

（1）施工机械应出示合格证或年度检测合格报告、进场验收合格手续，进行安装验收。保证安全保险、限位装置齐全有效。

（2）机械作业区域平整、夯实，保证施工机械安放稳定，不会因施工振动而倾斜、甚至倾覆。

（3）当排桩桩位邻近的既有建筑物、地下管线、地下构筑物对地震动敏感时，应采取控制地基变形的防护措施。包括：间隔成桩的施工顺序，设置隔振、隔声的沟槽，采用振动噪声小的施工设备等措施。

（4）作业人员施工前，开展安全教育和安全技术交底，并进行试桩作业。

2. 锚杆施工安全管理

锚杆施工过程中，由于土方超挖、锚杆固结体强度未达到 15MP 且设计强度未达 75% 以上进行张拉锁定、锚杆抗拔承载力不符合设计和规范要求、操作平台不稳定等因素，可能发生基坑坍塌、操作人员高处坠落等重大安全事故。对此，锚杆施工应注意的事项：

（1）严格按照设计文件和规范标准要求进行施工，严禁超挖。一般一次土方开挖深度控制在拟施工锚杆以下 1m 左右，留出适当的操作面，便于锚杆施工。

（2）锚杆固结体强度达到 15MP 且设计强度达到 75% 以上方可进行张拉锁定，并进行锚杆抗拔力检测。只有当锚杆抗拔力检测值符合设计和标准要求后方可进行 F 层土方开挖施工。

（3）搭设安全稳定的锚杆施工平台。平台底部平整、夯实、四周可根据情况设置支撑，平台周边设置防护栏杆。

3. 内支撑杆件施工安全管理

内支撑杆件包括钢支撑、混凝土支撑、钢与混凝土支撑组合支撑。内支撑根据基坑的形状、大小而异，有水半撑、斜撑、角撑、环撑等形式，合理的内支撑方式是保证基坑围护结构稳定的重点。在安装（或浇筑）、拆除过程中，可能发生坍塌、高处坠落等主要类别的安全事故。① 内支撑结构施工应对称进行，保持杆件受力均衡。②对钢支撑，当夏季施工产生较大温度应力时，应及时对支撑采取降温措施；当冬季施工降温产生的收缩使支撑断头出现空隙时，应及时用铁楔或采用其他可靠连接措施。③内支撑结构的施工与拆除顺序，应与设计工况一致，必须遵循先支撑后开挖的原则。④土方开挖应分层均匀开挖，开挖过程中，基坑内不能形成较大的高差，造成围护结构、支撑杆件的不均匀受力，形成应力集中。同时，土方开挖及运输过程中应避免土方机械碰撞内支撑杆件。⑤搭设安全稳定的锚杆施工平台。平台底部平整、夯实，四周可根据情况设置支撑，平台周边设置防护栏杆。

4. 土钉墙支护

土钉墙一般由钢筋或钢管土钉、钢筋网、喷射混凝土面层组成。当正常情况下稳定的土体发生一定变形后，变形产生的侧压力通过喷射混凝土钢筋网、土钉，传给深层土体，保证边坡稳定，施工过程中，可能发生边坡坍塌、高处坠落、触电等主要安全事故，因此土钉墙应注意如下事项：

①施工单位应在边坡附近设置变形观测点，观测边坡变形，安排专职安全警戒人员，设置警戒线，制定应急救援、抢险措施，保证施工及行人的安全。②搭设安全稳定的土钉施工平台。平台底部平整、夯实，四周可根据情况设置支撑，平台周边设置防护栏杆。③在钢

筋网的施焊过程中，由于边坡面长、倾斜，场地潮湿，造成电焊机、开关箱等设备安置不便，易产生用电隐患。因此现场的电焊机应放在稳定、干燥、绝缘的平台上，设备开关箱应满足“一机、一闸、一漏、一箱”的要求，漏电保护器的额定漏电动作电流不大于15mA，动作时间小于0.1s。

5. 重力式水泥土墙

重力式水泥土墙一般采用水泥土搅拌桩相互搭接成格栅状或实体状的结构形式，一般体积较大、质量较大，依靠水泥土自身的重量抵挡边坡的变形。一般采用机械施工。施工过程中，应选用设备安全，限位、保险装置齐全的设备，并履行设备的进场、安装验收程序，严格执行安全操作规程，保证施工安全。

（三）深基坑工程的后续安全管理

基础施工期间，应加强基坑工程后续安全管理工作：①建设单位应委托有资质的单位，按照深基坑施工设计文件的总体要求，加强对基坑边坡、毗邻建（构）筑物、设施等变形观测工作。②工程建设、监理、施工单位应开展对基坑安全的日常检查工作，并针对基坑坍塌开展紧急救援预演练工作。③深基坑工程不能及时完成，暴露时间超过支护设计规定使用期限的，建设单位应当委托设计单位进行复核，并采取相应措施。因工程停工，深基坑工程超过支护设计规定使用期1年以上的，建设单位应当采取回填措施。需重新开挖深基坑的建设单位应当重新组织设计、施工。

（四）基坑变形过大或变形速率过快应急处理措施

工程地理位置特殊，基坑安全尤为重要。根据基坑工程“时空效应”理论，在基坑变形值或变形速率异常之前，采取有效控措施制基坑持续变形是保证基坑安全的关键。为此，施工单位拟根据施工监测信息，提前采取如下应对措施：

1. 基坑开挖前配备足够的钢支撑，并有一定余量，万一当所撑的支撑轴力超过允许轴力时，可及时增补支撑，保证基坑安全。

2. 基坑开挖过程中严格按照“时空效应”理论及经专家评审通过的基坑开挖方案组织基坑开挖施工，做到随挖随撑，防止基坑变形过大。

3. 根据情况适当缩小水平分段长度，减少基坑敞开范围，缩短工序转换时间。必要时可采取抽槽开挖的方式。

4. 基坑周边禁止重物堆载，所开挖出的土方必须及时清理干净。

5. 基坑变形过大除了支撑不及时因素外，围护结构渗漏也是导致基坑事故的重要原因，因此，在基坑开挖前及基坑开挖过程中，抓好围护结构渗漏处理也是防止基坑变形过大或变形速率过快的重要措施。

6. 在基坑变形过大或变形速率过快时，应采取及时增设临时支撑，甚至采取停止基坑开挖，并向坑内回灌土、砂或水的措施以平衡坑内外压力，防止基坑坍塌灾害事故发生。

（五）围护结构渗漏严重应急处理措施

根据多次基坑安全事故分析，围护结构渗漏是引发基坑安全事故的重要原因，为此，必须在基坑开挖前及基坑开挖过程中，抓好围护结构防渗漏工作。

1. 在围护结构施工完成后，应根据围护结构施工原始资料分析是否有个别段存在混凝土缺陷或墙缝渗水隐患，若有，则需在基坑开挖前采取止水措施。

2. 设置坑外备用降水井

通过设置坑外备用降水井，在出现围护结构渗漏时可启动坑外降水井降低坑外水头，为堵漏创造良好的条件。

3. 坑内堵漏措施

基坑开挖期间须随时观察围护结构止水效果，当发现围护结构有渗漏水现象时，须针对渗漏水程度采取相应堵漏措施。

1）直接堵漏法

在水压不大、孔洞或裂隙较小的情况下，以漏点为圆心剔成凹槽或将裂隙剔成V形凹槽，凹槽壁尽量与基层面垂直并冲洗干净，然后用快凝水泥直接封堵。

2）下管堵漏法

若水压较大，用直接堵漏法难以封堵地下水，则可考虑采用下管堵漏法。即先用胶管将大面积渗流水集中引排，周边用快凝水泥直接封堵，待快凝水泥达到强度后再绑扎封堵胶管或利用该管进行注浆堵漏。

总之，深基坑工程涉及工程施工安全和工程质量、毗邻建筑物安全、其他市政地下管网等设施的运行安全，与老百姓的生活息息相关。因此，深基坑安全是拟建建（构）筑物的“奠基石”，建设单位和监理单位必须严格按照国家法律、法规、规范、标准和设计文件的要求，安全施工、文明施工。

浅谈大体积混凝土施工质量的控制措施

西安四方建设监理有限责任公司　李党罗　李瑞

摘　要：阐述了大体积混凝土的质量通病，从混凝土配合比的质量要求、原材料质量控制、施工过程质量控制、混凝土温度控制及大体积混凝土的养护等方面对大体积混凝土施工质量的控制措施进行了探讨。

关键词：大体积混凝土　质量通病　裂缝　浇筑　质量控制

目前高层建筑、超高层建筑以及大型工业厂房建设的快速发展，基础筏板、承台等大体积混凝土的应用非常广泛，对大体积混凝土质量控制是施工过程非常关键的环节。结合本人工作实际浅谈大体积混凝土施工质量控制措施。

一、大体积混凝土的质量通病

大体积混凝土具有结构体积大、承受荷载大、强度增长时水化热大、内部受力相对复杂等结构特点。混凝土结构整体性要求高，一般要求连续整体浇筑，不留施工缝。这些特点的存在，导致在工程实践中，大体积混凝土出现其特有的质量通病，常有以下几种类型：

（一）施工冷缝

大体积混凝土连续浇筑体量大，在分层浇筑中，前后分层没有控制在混凝土的初凝之前；混凝土供应不及时或遇到停水、停电及浇筑设备故障及其他恶劣气候等因素的影响，致使混凝土不能连续浇筑而出现冷缝。

（二）泌水现象

上、下浇筑层施工间隔时间较长，各分层之间产生泌水层，它将导致混凝土强度降低、脱皮、起砂等不良后果。

（三）混凝土表面水泥浆过厚

因大体积混凝土的量大，且多数是用泵送，因此在混凝土表面的水泥浆会产生过厚现象。

（四）早期温度裂缝

在混凝土浇筑后由于早期内外温度差过大（25℃以上）的影响，大体积混凝土会产生两种温度裂缝。①表面裂缝：大体积混凝土浇筑后水泥的水化热量大，由于体积大，水化热聚集在内部不易散发，混凝土内部温度显著升高，而表面散热较快，这样形成较大的内外温差，内部产生压应力，表面产生拉应力，而混凝土的早期抗拉强度很低，因而出现裂缝。这种温差一般仅在表面处较大，离开表面就很快减弱，因此裂缝只在接近表面的范围内发生，表面层以下结构仍保持完整。②贯穿性裂缝：内部混凝土逐渐散热降温而收缩时，如受到地基基础的约束，也将产生强迫变形，同样会使底部混凝土发生垂直方向的内部裂缝，甚至会贯穿整个内部产生贯穿性裂缝。

二、混凝土配合比的质量要求

对混凝土配合比设计的主要要求是：既要保证设计强度，又要降低水化热；既要使混凝土具有良好的和易性，又要降低水泥和水的用量。所以，施工中应选择合适品种水泥，减少水泥用量，掺外加剂，控制水灰比。根据设计要求，混凝土中掺加水泥用量4%的复合液，具有防水剂、膨胀剂、减水剂、缓凝剂4种外加剂的功能，能提高混凝土的和易性；使用水量减少20%左右，水灰比可控制在0.55以下，初凝延长到5h左右。严格控制骨料级配和含泥量，选用10～40mm连续级配碎石，优选混凝土施工配合比，根据设计强度及泵送混凝土坍落度的要求，经试配优选。

三、原材料质量控制要求

大体积混凝土所选用的原材料应注意以下几点：

尽量选用低水化热水泥（如矿渣水泥、粉煤灰水泥），减少水化热。但是，水化热低的矿渣水泥的析水性比其他水泥大，在浇筑层表面有大量水析出。这种泌水现象，不仅影响施工速度，同时影响施工质量。混凝土泌水性的大小与用水量有关，用水量多，泌水性大，且与温度高低有关，水完全析出的时间随温度的升高而缩短；此外，还与水泥的成分和细度有关。所以，在选用矿渣水泥时应尽量选择泌水性好的品种，并应在混凝土中掺入减水剂。在施工中，应及时排出析水或拌制一些干硬性混凝土均匀浇筑在析水处，用振捣器振捣密实后，再继续浇筑上一层混凝土。在施工中尽量斜面分层，在工作面许可的条件下尽量增加浇筑设备，缩短混凝土浇筑时间。

在条件许可的情况下，应优先选用收缩性小的或具有微膨胀性的水泥。因为这种水泥在水化膨胀期可产生一定的预压应力，而在水化热后期预压应力可部分抵消温度需变应力，减少混凝土内的拉应力，提高混凝土的抗裂能力。

适当掺加粉煤灰，混凝土掺用粉煤灰后，可提高混凝土的抗渗性、耐久性，减少收缩，降低胶凝材料体系的水化热，提高混凝土的抗拉强度，抑制碱骨料反应，减少混凝土的泌水等。

选择级配良好的骨料。细骨料宜采用中粗砂，细度模数控制在2.8～3.0之间，因为使用中砂比用细砂可减少水和水泥的用量。砂、石含泥量控制在1%以内，并不得混有有机质等杂物，杜绝使用海砂。

适当选用高效减水剂和引气剂，这对减少大体积混凝土单位用水量和胶凝材料用量、改善混凝土的性能、提高硬化混凝土的力学、热学、变形、耐久性等性能起着极为重要的作用。

四、施工过程质量控制

（一）加强商品混凝土运输过程控制

要求混凝土生产厂家每车出厂时出具混凝土标号、坍落度、出厂时间、数量和到达地点的发料单据。抵达现场后，由施工单位派专人按程序验收，填写到达时间、混凝土坍落度、出罐温度、混凝土有无离析等情况。监理人员不定期进行抽检，如混凝土出现离析或者坍落度超过试配要求，必须清退出场退回商混站重新搅拌。

（二）制定混凝土浇筑方案

大体积混凝土浇筑常采用的方法有以下几种。①全面分层：即在第一层全面浇筑完毕后，再回头浇筑第二层。这种方案适用于结构的平面尺寸不大，施工时从短边开始，沿长边推进。必要时可分成两段，从中间向两端或从两端向中间同时进行浇筑。②分段分层：先从底层开始，浇筑至一定距离后浇筑第二层，如此依次向前浇筑其他各层。这种方案适用于单位时间内要求供应的混凝土较少，结构物厚度不太大而面积或长度较大的工程。斜面分层：要求斜面的坡度不大于1：3，适用于结构尺寸的长度、宽度较大的情况。混凝土从浇筑层

下端开始，逐渐上移，进行斜面分层。

（三）加强振捣，确保混凝土的密实

为确保混凝土的振捣均匀密实，提高混凝土的抗压强度，要求操作人员加强混凝土的振捣，插点均匀排列，按顺序振实不得遗漏，振动棒快插慢拔。当采用插入式振捣棒振捣混凝土时，应快插慢拔，移动间距不宜大于振捣棒作用半径的 1.5 倍，与模板的距离不应大于其作用半径的 0.5 倍，并应避免碰撞钢筋、模板、预埋件等。振捣棒插入下层混凝土内的深度应不小于 50mm. 振捣时间 15~30 秒为宜，不宜过振，以表面呈现浮浆，混凝土不再沉落为准。为了能排除混凝土因泌水在粗骨料、水平钢筋下部生成的水分和空隙，尚须进行二次振捣以提高混凝土与钢筋的握裹力，防止因混凝土沉落而出现的裂缝，增加混凝土的密实度，使混凝土的抗压强度提高，从而提高混凝土的抗裂性。一般间隔 20~30 分钟进行二次复振，复振后立即收面进行塑料薄膜覆盖，防止混凝土表面缺水，产生收缩性裂缝。振捣时避免碰撞钢筋，混凝土终凝前钢筋受到震动，混凝土拌合物重新液化；钢筋周围水分蒸发容易形成裂缝。

（四）泌水处理与表面处理

由于大体积混凝土浇筑时泌水较多，上涌的泌水和浮浆顺混凝土斜面下流到坑底，再到集水井，然后通过集水井内的潜水泵排除基坑外；待混凝土浇至标高时，由于大体积泵送混凝土表面水泥浆较厚，要求施工人员用木模抹平，防止表面微小裂纹产生。

五、混凝土温度控制

为了降低混凝土的总温升，减少内外温差，控制混凝土出机温度和浇筑温度是一个很重要的措施。对混凝土出机温度影响最大的是石子及水的温度，砂次之，水泥的影响较小。因此，具体施工中可采取加冰拌和，砂石料遮阳覆盖，送管道用草袋包裹、洒水降温等技术措施。预埋水管，是降低混凝土浇注温度的有效措施。冷却水管大多采用直径为 50mm 的钢管，按照中心距 1 ~ 2m 水平交错排列，水管上下间距一般为 1m 左右，并通过立管相连接。

六、大体积混凝土的养护

可根据工程的具体情况，春季、夏季及秋季采用薄膜加棉毡定时浇水保持湿润或蓄水养护方法，冬季采用薄膜覆盖底层，棉毡覆盖上层，禁止浇水，大体积混凝土养护不得少于 14 天。大体积混凝土保温保湿养护中，应对混凝土的内部温度、顶部及底部温度、室外温度进行监测，根据监测结果对养护措施作出相应的调整，确保温控指标的要求。温度测定可采用在每个测温点上埋设测温片，安排专人进行测温，将每天测温结果及时反馈技术管理人员。

结束语

实践证明，在大体积混凝土的施工中，针对裂缝、质量通病的防治，应在减小约束应力、减小混凝土内外温差、优化配合比设计、改善施工工艺、提高施工质量、做好温度监测工作及加强养护等方面采取有效措施。坚持严谨的施工组织管理，才能最大限度地消除和减少质量通病的产生，使大体积混凝土的质量得到有效的保证。

洁净厂房建筑装饰和通风空调工程质量监控要点

江苏赛华建设监理有限公司　马向东

摘　要：以《洁净室施工及验收规范》等新规范的要求，简述保证洁净室洁净度的建筑装饰地面、墙面、吊顶，通风空调等工程材料和施工质量过程监控要点。

关键词：基础地面含水率　环氧地面　PVC防静电地面　金属夹心板　洁净度　洁净风管漏风量

随着电子、医药等行业科学技术高速发展，产品日新月异，超大规模集成电路已从微米级发展到纳米级，受控粒子尺寸要求小于 0.02μm，其生产工艺对洁净室洁净度的环境要求从 5 级严格到 1 级。医药生产洁净室不仅对悬浮粒子允许数有要求，而且对微生物允许数更有特殊要求。为适应科技发展，有关部门经广泛调研，收集整理国内外质量标准资料，在总结洁净室施工和验收的经验教训基础上，与时俱进对规范进行修改，提升其标准并与国际接轨，先后出台新版《洁净室施工及验收规范》GB 50591-2010，《医药工业洁净厂房设计规范》GB 50457-2008，《通风与空调工程施工质量验收规范》GB 50243-2016 等。

近年有的洁净厂房（本文统称室）工程未按要求施工，达不到洁净室质量标准的案例不少。所以要认真学习新规范，按新规范、新技术、新材料的要求施工及验收，以提高洁净室的建造质量水平。篇幅有限，本文仅简述保证洁净室环境达标的建筑装饰、通风空调工程施工监理中常见的质量通病和注意事项。

一、洁净室建筑结构工程

洁净室建筑结构设计和施工质量关系到洁净室装饰、安装和使用，土建施工质量常见的问题是地面基础回填密实度、防潮层不到位，地面开裂等。

（一）确保回填土的密实度

有的工程工期紧，机械回填土未分层夯实，致使设备安装时地面下沉开裂。因此对回填土质量要严格控制，回填土时要进行旁站监理，确保回填土的密实度达到设计和规范要求。

（二）防水薄膜厚度不小于 1mm

地面设计通常做法：素土夯实，夯实系数≥ 0.9。垫层为 150mm 厚碎石、卵石或 3 ：7 灰土，夯实后铺设 0.6 mm 厚聚氯乙烯防水薄膜防潮，实践证明 0.6 mm 厚防水薄膜容易破损。新规范要求灰土夯实后应铺设≥ 1mm 防水薄膜，接头处搭接 50mm 并用胶带粘牢，然后铺 20mm 厚 1 ：3 水泥砂浆保护层。

（三）地面应合理配置钢筋网防裂

洁净室地面宜配置钢筋网防裂，基层混凝土强度等级≥ C25，混凝土厚度≥ 150mm。《洁净室建筑结构》图集选用 200 厚 C30 细石混凝土内配 ϕ8@150 双向钢筋，随打随抹平，强度达标后表面磨平。PVC 或环氧地面二次施工单位往往会为地面平整度、面层强度、空鼓、起砂等问题与土建单位扯皮，所以做好建筑基础施工质量的监控，做好交接验收工作，对洁净室地面施工质量十分重要。

二、洁净室地面施工

（一）材料要满足洁净室技术指标要求

洁净室装饰材料除应满足隔热、隔声、防振、防虫、防腐、防火、防静电等要求外，还应保证洁净室的气密性和装饰表面不产尘、不吸尘、不积灰，并应易清洗，地面必须采用耐腐蚀、耐磨和抗静电材料。洁净室地面以架空活动地面、粘贴 PVC 地板和涂布环氧材料为多，地面正式施工前应做小面积样板，使粘结强度、耐磨性、表面电阻和观感等技术指标符合要求，才可正式施工，以防返工造成损失。

近年来水性涂料和胶粘剂产品创新发展快，性价比高，且不含 VOC（挥发性有机化合物 Volatile Organic Compound）和 HAP（有害空气污染物 Hazardous Air Pollutants），符合绿色环保要求，已在建筑装饰工程中广泛应用，是涂料和胶粘剂的发展方向。水性涂料运输储存要注意低温防冻，高温防霉变。

（二）粘贴地面施工（以防静电 PVC 地板为例）

1. 粘贴、涂布地面施工前地面必须清洗脱脂干净，并用含水率测试仪器（CCM）对基础地面进行现场测试，其含水率应在 2% ~ 4%，当含水率在 4% ~ 7% 之间，要用双份胶粘地面材料。对含水率 > 7% 的基础地面，必须采取加热通风等干燥处理。含水率大又未干燥处理的地面“抢工期”施工，其结果是地面空鼓、脱皮而返工的教训一定要吸取！

现场也可用塑料薄膜法（ASTM4263）检测，用 450mm×450mm 塑料薄膜平铺在混凝土表面上，用胶带纸密封四周边 16h 后，塑料薄膜下出现水珠或混凝土表面变黑，说明混凝土过湿不宜粘贴、涂布，无水珠或仅有湿气则可施工。

2. 洁净室地面粘贴的防静电 PVC 板材或卷材，厚度一般选用 2 ~ 3mm，允许偏差 + 0.18mm ~ – 0.15mm。市场上冒牌“进口”PVC 卷材不少，监理要上网核查：进口材料的原产地证明、检测报告、报关单编号、日期、签章、骑缝章、到岸港口、运输方式、批号是否真实有效（复印件易造假），否则是贴牌货。

3. 规范要求防静电 PVC 地板施工应采用非水溶性导电胶粘剂，非水溶性导电胶中炭黑与胶水的配合比为 1：100，胶的电阻值应小于贴面板的表面电阻值（10^5 ~ $10^{10}\Omega$），粘接强度 > 3×106N/m^2（3MPa）。强力胶等非水性胶粘剂气味大，现在大多使用水性丙烯酸（俗称白胶）、聚氨酯等类胶粘剂，其粘接强度已符合要求，施工方便，气味小也环保，水性胶粘剂必将取代非水性胶粘剂。

4. 导电铜箔厚度不应小于 0.05mm，宽度宜为 25mm，是为了有效地防止静电积聚。有的铜箔厚度仅 0.03mm 宽度仅 10mm，不能使用。导电铜箔网间距按设计要求，面积在 100m^2 以上接地端子不小于 2 个，每增加 100m^2，应增设接地端子 2 个。接地端子宜双层铜箔引出，以增加连接地线时的强度。

5. 洁净室 PVC 地板施工环境温度不应低于 10℃，相对湿度不大于 80%。铺贴时一定要压平，不能残留空气，地板粘贴 4h 后才可进行接缝焊接。

（三）涂布地面施工（以防静电环氧自流平为例）

洁净室涂布地面现以水性环氧自流平和水性环氧砂浆地面为多，工期紧情况急，水性涂料在无积水无明显渗漏地面上也可施工，但有时难免会出现气泡等问题，涂布地面还是在基础地面含水率≤ 7% 施工为宜。

1. 基层表面处理。涂布地面的基层表面应用喷丸机和无尘电磨机清除地表灰砂、杂质，磨平后用吸尘器吸除灰砂。对凹陷、空洞地面应用环氧砂浆或环氧腻子填补后，才可进行底涂施工。不少“游击队”分包商没有上述施工机械，甚至地面未吹扫、填补就进行底涂，其施工质量可想而知。所以要选择有资质的专业防腐施工队，以保证洁净室地面涂布质量。

2. 按要求铺设防静电导电铜箔并接地。

3. 中涂施工。将环氧色浆、固化剂与适量料径的石英砂、导电粉充分搅拌，以增强地面的耐磨及平整度。环氧拌料用锯齿镘刀镘涂，然后用钉子辊来回辊压，以排出膜内空气，应在 1h 内用完。选用优质环氧树脂加固化剂混合均匀，加砂量大一些，可采用抹光机抹光。

4. 面涂施工。在中涂层固化后，刮涂填平、打磨、吸尘清洁后，面层可用镘涂、刷涂或喷涂，使其自行流平即可，24h 后宜进行面层封蜡处理。防静电环氧自流平厚度 1 ~ 3 mm，防静电环氧砂浆厚度 3 ~ 5 mm，施工后要养护 7 天完全固化，涂层表面应密实、平整、均匀、无开裂起壳、无泛白、无渗出物。

5. 涂布施工环境不宜低于 20℃，相对湿度应低于 85%，这是为了保证涂布质量。高温时环氧涂料两组份反应快，有时来不及流平就固化；5℃以下环氧涂料基本上不固化反应，黏度大不能施工；水性涂料不得超量加水。

三、洁净室墙面和吊顶施工

洁净室的墙面和吊顶一般用金属夹心板适用于N1～N9级洁净室，涂料内墙面适用于N7～N9级洁净室或洁净室基墙和吊顶上部墙面。

（一）金属夹心板的材质

金属夹心板钢板名义厚度不应小于0.5mm（实测厚度必须≥0.47mm）。夹心充填物应使用难燃或不燃材料，不得使用有机材料。PU（聚氨酯白泡沫塑料）夹心板填料是有机材料，燃烧时气体有毒，所以洁净室不得使用PU金属夹心板，应使用填充料为岩棉等A级不燃材料的夹心板。

（二）金属夹心壁板的规格

有的施工单位为降低成本，用类似活动房隔墙的机制PU金属夹心壁板安装洁净室。有的机制夹心板钢板仅0.35mm厚，四边用薄钢板作凹凸槽企口相嵌连接，非标壁板凹凸槽相嵌后中间有约15mm宽无填料，此类壁板的面板内未贴绝热层，其抗压、抗弯曲强度及密封保温性能达不到要求。洁净室的金属夹心壁板四边应嵌入1.0mm厚镀锌凹凸槽钢，板厚有50mm、75m、100mm等，其规格按设计要求选用，详见《洁净厂房建筑结构》图集。

（三）金属夹心吊顶板要符合标准

洁净室吊顶上有设备、管线，要上人安装维修，因此洁净室金属夹心吊顶板多为手工制作加强板。在金属上面板下贴一层5mm厚玻镁板以增加强度并有绝热保温作用，板四周嵌入1mm厚镀锌凹型槽钢。吊顶时中置铝龙骨插入两块板接缝的凹槽内并必须贯通，以保证其强度和密封。不得图施工方便、省料仅在吊钩处凹槽内插入一段中置铝。如选用轻质吊顶板应设置检修通道（马道）。

（四）验收前剥离金属夹心板保护膜

1. 金属夹心板安装过程中不得剥离金属夹心板表面保护膜，应在安装完工后验收前将其剥离，以保护面板。有的工人为省事，金属夹心板安装前就将保护膜撕掉，应坚决制止。

2. 正压洁净室应在金属夹心板正压面用中性密封胶密封缝隙，当负压洁净室的负压面靠墙无法在负压面密封时，应在缝隙内嵌密封条挤紧，并应在室内面涂密封胶，这是施工现场实践经验的总结。

3. 洁净室地面和墙面的夹角（小圆角）的曲率半径R不小于30mm是为了防止积灰和便于清洁。洁净室内墙面、立柱阳角易受碰撞掉灰，也应做成圆角，规范对吊顶和墙面的夹角未要求做小圆角。

4. 洁净室调试、运行时发现孔洞漏风，门窗、箱、柜、风口等大洞专业装饰队基本能按要求开洞、封堵。但水电、消防、监控、特气等二次配管往往开孔不规范观感差，未在管道外预先套上专用密封套管、盖片等配件，只在洞口打胶，若密封胶质量差，一年半载就可能老化开裂而漏风。所以吊顶墙板上开孔洞最好请装饰工配合，并在管外先套好密封套管等以保证洞口的密封质量。

5. 配电箱柜、开关、插座内管口往往未加护。

6. 未打胶封堵、验收检查时要注意易被遗忘的漏气点，并要整改到位。

四、洁净室的通风空调工程

有的工程未按洁净风管的要求制作、安装，工程过半专业监理工程师才进场发现不符合洁净要求的风管已大部安装，整改十分困难。所以安装工程监理必须与施工同步进场，审核施工图纸和施工方案，对施工队进行洁净风管制作安装的技术交底，做好事前质量控制。

（一）风管制作场地脏乱差

洁净室风管制作应有清洁、门窗能封闭、用橡胶板等软板铺地的加工场地，工人应穿干净工作服和软性工作鞋。若风管加工棚四面通风，灰砂满地，风管内外泥灰脚印不擦洗就吊装，“垃圾场”上怎么能造洁净风管?

（二）不应在洁净风管内设加固框或筋

新规范仍强调净化空调系统风管的内表面应平整光滑，管内不得设有加固框或加固筋。为保证洁净度，洁净风管应在风管外壁用角钢、扁钢、加固筋等形式进行加固，并不得使用空心铆钉铆固（可以用端头密封型）。我们检查多处洁净室风管竟是用普通风管的加固方法：在风管壁上压加固楞筋，用丝杆（通丝）在风管内作加固筋，此法虽“省工省料”但楞筋和丝杆上易积灰，这是洁净风管所不允许的。

（三）不应从总管上开口接支管

洁净总风管上的支管应通过放样制作三通或四通整体结构，转接处应为圆弧或斜角过渡。若为施工方便在总管上开口接支管（俗称马鞍口连接），无圆弧过渡不仅风阻大影响气流组织，而且支管翻边用铆钉与总管固定，接口处密封差极易漏风。现场确要在总管上开口，应用“支管暗咬口”(施工困难，密封性及强度好)或“插片式咬口”(密封性及强度差，易脱开)形式，总、支管连接处要有斜角过渡，前后要增加U形支架，以保证强度且不易脱开。

(四)要检查风管配件的质量

薄钢板法兰连接矩形风管由机械化制作，在通风空调工程中普遍应用。现场对薄钢板法兰连接矩形风管的法兰角连接件和弹簧夹(镀锌钢板冲件)等配件往往忽视检查。法兰角连接件的厚度应1.0～1.2mm，现场检查有的仅0.8mm厚，弹簧夹长度只有100mm(标准长度为150mm)，弹簧夹间距往往大于150mm(洁净风管弹簧夹间距应为100mm)。配件不合格其夹紧强度达不到要求，法兰的密封难以保证。

(五)法兰密封垫薄而质差接口有缝或重叠

洁净风管法兰密封垫应选用闭孔海绵橡胶、密封胶带或其他闭孔弹性的难燃材料，厚度为5～8mm；不得使用乳胶海绵、泡沫塑料、厚纸板等。现场可浸水燃烧试验，凡吸水、不阻燃材料为不合格。有的密封垫厚度不足3mm，且密封垫接头为简单平对接，压缩时位移出现缝隙，造成漏风。所以接头应采用阶梯形或企口形并避开螺栓孔，密封垫内侧应与风管内壁齐平。

(六)风管吊架横担规格选用偏小

有的分包单位为降低成本，风管吊架横担规格选用偏小，且多为非标钢材，如$\varphi10$的吊杆直径只有$\varphi9$，角钢总是窄、薄一点。《通风管道技术规程》JGJ 141上风管吊架横担材料规格比03K132图集要求低，但多年施工实践证明，按《通风管道技术规程》要求选用国标材料的横担能确保风管吊架的安全质量。

(七)吊杆在横担下只有一个螺母固定

这是风管安装中的通病，一个螺母易松动，尤其是非标准件的吊杆和螺母配合不紧，送风振动后，时有吊杆螺母松动脱落的事故发生。为保证安全牢固，图集要求吊杆在横担上要拧一个螺母，横担下必须要穿一个垫片再拧两个螺母固定，验收时要检查落实到位。

(八)金属风管与横担之间无隔离垫

保温金属风管与横担之间应加经防腐处理的木垫并固定好，以可靠绝热避免产生冷桥。

不锈钢、铝合金风管与横担之间也应加垫橡皮、木垫片等隔离或防腐绝缘处理，以防电化学腐蚀。这两条措施施工时往往被疏忽，因此，技术交底一定要强调此工序并要监控到位。

(九)风管不做漏风量检测

规范要求1～5级洁净度环境的风管应全部漏风量检测，6～9级洁净度环境的风管应对30%的风管并不少于一个系统进行漏风量检测。检测结果应同时符合单位风管展开面积漏风量[m^3/($h\cdot m^2$)]和系统允许漏风率ε(漏风量/设计风量)，1～5级洁净度的单向流$\varepsilon\leqslant1\%$，非单向流$\varepsilon\leqslant2\%$，这是严格的节能要求指标。漏风量检测要专用仪器设备，风口要盲板封堵等工作量大，施工方不想做漏风量检测，认为漏点风洁净度检测也能合格。

《通风与空调工程施工质量验收规范》2016版将检测修订为验收性抽样检验，是对施工方自检抽样程序及其声称产品质量的审核，也是将计数抽样程序的国家标准应用于通风空调工程验收的尝试和实践。将抽样方案简化为主控项目适用于合格率不小于95%，不合格品限定为1的第Ⅰ类抽样方案。从新规范附表附录查得抽样率一般在10%以内，这将大大减轻检测工作量。风管安装到位后高空检测难度大，可在地面上组装一段(约100mm^2)风管按抽样数进行漏风量检测，合格一段吊装一段，这是切实可行又安全的抽样检验方法。验收性抽样检验是否适合我国建筑工程的质量检测，将在实践中检验。

五、结语

洁净室的建筑装饰、通风空调系统是洁净室环境达标的基础，水、电、气、消防、自控、防静电和屏蔽等系统则是洁净室安全运行和质量的保证。洁净室的设计、施工、监理、调试验收等每个环节按新规范、新材料和相关标准的要求实施，才能建成高标准节能低耗的洁净室，才能制造出更尖端的科技产品并提高其成品率。

参考文献：

[1]《通风与空调工程施工质量验收规范》GB 50243—2016
[2]《洁净室施工及验收规范》GB 50591—2010
[3]《医药工业洁净厂房设计规范》GB 50457—2008
[4]《电子工业洁净厂房设计规范》GB 50427—2008
[5]《通风管道技术规程 》JGJ 141—2004
[6]《薄钢板法兰风管制作与安装》图集 07K133
[7]《风管支吊架》图集 03K132
[8]《洁净厂房建筑结构》图集 08J907

西安地下综合管廊监理的典范——三星项目共同管沟

陕西中建西北工程监理有限责任公司　吴月红　赵良庆

摘　要：随着我国城市化进程的推进，我国开始全面推进地下综合管廊建设。本文以监理的视角，论述了三星项目共同管沟的特点和中建西北监理公司对该项目的监理过程。

关键词：综合管廊　共同管沟　监理　控制　协调

管廊是目前世界上比较先进的基础设施管网布置形式，也是城市建设和发展的趋势，还是充分利用地下空间的有效手段。随着我国城市化进程的推进，国家领导人非常重视管廊的建设。2015年10月，国务院办公厅下发了《关于推进城市地下综合管廊建设的指导意见》国办发[2015]61号，全面推进地下综合管廊建设。

在西安高新综合保税区，由陕西中建西北工程监理有限责任公司承担监理的“三星电子储存芯片项目二期共同管沟”工程，由韩国三友设计、三星物产施工，是西安第一个地下综合管廊项目。该工程于2014年1月1日开工建设，同年11月30日竣工。共同管沟竣工后与配套主体项目联合试运行3个月未出现异常情况，然后进入正式运行阶段。截至目前（2017年9月），共同管沟已投入使用两年多，运行状况一直保持良好，尚未出现任何问题。

该共同管沟为地下构筑物，主要用于集中设置水、暖、电、气和通信等各类管线，其工程特点：便于室外管网整体性施工；空间大，后期检查及维修方便；可避免管线一旦出现问题需重新开挖寻找原因的常规做法；虽然前期一次性投入大、造价高，但从长远利益看，全寿命期效益却能达到最大化。

由于该工程施工技术难度大，质量标准高，对监理人员的业务知识和职业素养要求很高，工作量很大，会议次数比较多，每次会议持续时间比较长（需要翻译），作为公司现场监理人员，必须勤学习、勤巡视、勤沟通、勤记录，才能克服技术、沟通和工作量上的困难，圆满地完成监理任务。项目监理人员为保证本工程达到合同要求，满足功能使用，在整个施工监理过程中，严格规范监理行为。公司要求项目监理人员勤学苦练，不断摸索创新管理措施，最终确保了建设工程满足监理合同中各项要求。

一、共同管沟工程概况

三星电子设计的共同管沟，是韩方在中国设置的标志性构筑物，也是国内引人注目的地标构筑物。作为西安首个管廊项目，共同管沟总长约1000m，占

地面积 8777.26m^2，地下埋深 15.8m。分为综合管沟和电管沟。综合管沟长 715.76m，宽 4.6m（部分为 2.8m），深 3.4m，其内设置了消防、给排水和各类工艺管道以及送排风系统；电管沟长 868.63m，宽 3.8m，深 3.4m，设有所有设备供电线路、通信信号电线电缆、消防弱电电线电缆和有线广播电线电缆。

共同管沟为地下钢筋混凝土剪力墙板，每 50m 设置一道伸缩缝，外墙防水采用混凝土结构自防水与防水卷材、防水保护层结合的防水方式。基坑开挖深度 8.3 ~ 15.8m。按区段分为 19 个区域，设置 9 个连接点与其他各附属栋连接，有 8 个紧急疏散口，3 个孔井，1 个电子检修孔及 21 个通气口。共同沟内设置有防火墙，防火墙耐火极限 3h，设置的甲级防火门能在火灾发生时自动关闭，并向疏散方向开启。

二、监理控制原则和方法

在共同管沟施工过程中，公司监理人员以建设工程现行相关法律法规、工程建设标准、勘察设计文件及相关合同、施工质量验收规范等为依据，坚持预防为主的原则，制定监理工作制度，对建设工程进行“三控两管一协调”，并履行建设工程安全生产的监理法定职责；督促施工单位全面实现施工合同约定的质量、进度和造价目标。

（一）质量控制方法

施工前阶段：材料厂验收、材料进场验收、品质检查、安全教育、图纸审查、现场检查、施工计划审查。

施工阶段：施工中检查、事前检查、施工验收检测、问题点通报、综合质量检测、完成检测、不符合事项综合管理。

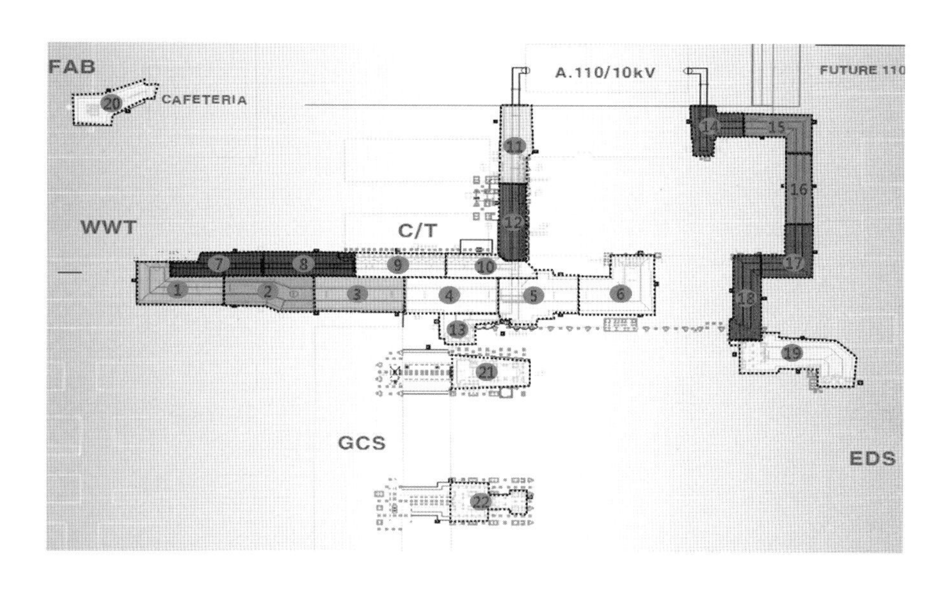

进场材料验收：三方检测旁站记录、验收材料确认、进场材料管理、材料管理确认、监理例会。

1. 编制监理管控计划书、并以 PPT 形式在发布会上进行论述，阐明关键部位、关键节点及重点控制部位。

2. 在第一次工地会议上，监理人员根据监理规划，提出安全技术交底要求及其他监控要点的施工配合要求。

3. 注意设计图纸问题版本更新的施工。

4. 在中韩共同监理的项目中，当中韩验收规范及标准有差异时，执行高标准。

5. 特殊工种进场前均按韩方要求进行考试，合格者持证上岗。

6. 使用审查、巡视、签发指令、报告、旁站、见证取样、验收和平行检验等方法，实施监理。

7. 以质量预控为重点，对工程的人、机、料、法、环等因素进行控制。

8. 坚持不合格的工程材料、构配件

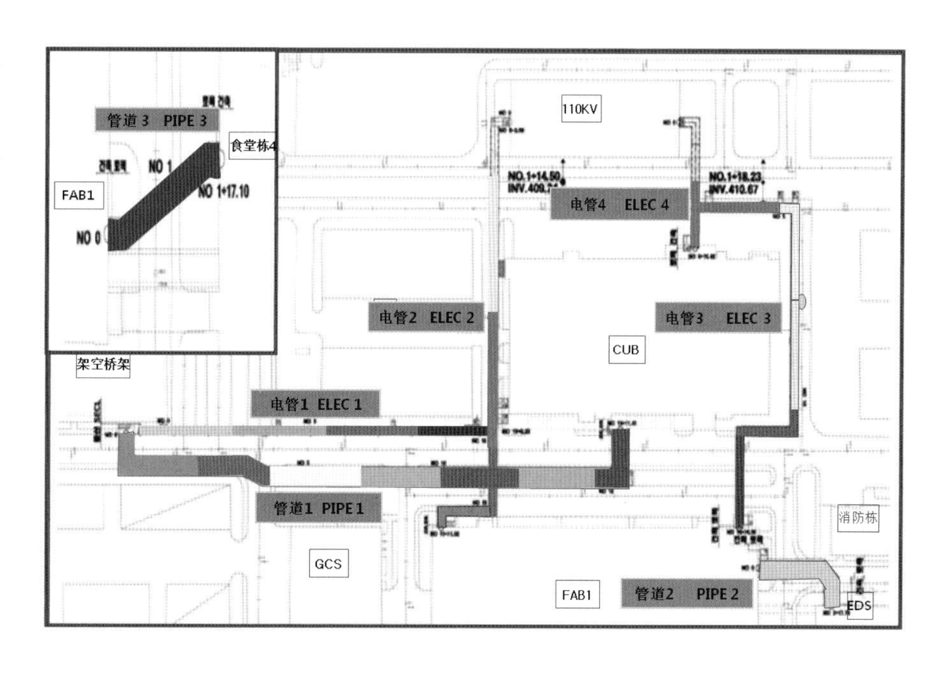

和设备，不得使用在工程中的原则。

9. 坚持本工序质量不合格或未进行验收签认，不允许进行下一道工序施工。

10. 共同管沟周边的塔吊布置和吊车配合，均要求施工方编制了配合专项方案，监理人员进行审核，并以发布会、三维图等形式进行发布，最后由参建各方共同确定最佳方案。

（二）进度控制的先确认原则与动态控制

施工工期遵守先“确认”再进行客观工程管理的原则：即事前施工计划确认、现场协调管理；重点管理事项确认、周期综合管理；施工工期滞后确认、问题方案协调管理。

根据施工合同确定总工期，并按总工期计划确定阶段性计划工期。通过审查、跟踪检查、分析比较、调整及预测等方法，对工程施工进度进行动态控制。

（三）造价控制中坚持公平、公正原则，进行主动控制

按照动态控制原理，对工程造价进行主动控制，以施工合同中约定的合同价款、单价、工程计量规则和工程款支付方法，通过审核、跟踪检查、分析比较，控制工程变更、进行工程计量和付款签证等。

1. 坚持报验资料不全、与合同文件不符、未经监理工程师验收合格的工程，不予计量，不予支付工程款。

2. 公平、公正地处理因工程变更和违约索赔而引起的费用增减问题。

3. 对有争议的工程计量和工程款支付，应采取协商的方法确定，在协商无效时，由总监理工程师作出决定。若总监决定后仍有争议，可执行合同争议调解程序。

（四）安全生产控制履行法定监理职责

坚持“环境安全是第一”原则：监理人员通过对施工临建构筑物及其他安全问题点的检查与安全性确认，做到全面排除现场安全隐患。

1. 根据法律法规、工程建设强制性标准，履行建设工程安全生产管理的监理职责。

2. 通过日常巡视和定期周检，若发现施工存在安全事故隐患，则采取监理例会、安全专题会议、签发《监理通知单》等方法，向施工单位管理人员指出问题，要求施工单位及时整改，消除现场安全事故隐患。

3. 检查、监督新进场人员进行多种安全体验（包括安全帽冲击、洞口坠落、防护栏杆倒塌、不良通道、安全带、开口部位坠落、教育模块、电相关内容、安全网比较、使用消火栓、平衡台、梯子比较等）。

4. 检查新进场人员进行安全教育（包括三级教育、安全教育、特殊工种安全教育、专项工程安全教育、安全早会、安全考试、持证上岗、安全巡视监督团、深基坑安全教育、钢构吊装安全教育以及PC构件吊装等）的情况。

5. 检查监督新进场人员佩戴安全防护设施（包括安全劳保用品、安全用品、安全防护用具、实名制卡、职业病安全防护管理、职业病危害因素可能引起的法定职业病防治措施、三同时安全防护等）的情况。

三、监理针对性的控制要点

（一）本工程由于质量、工期等目标要求，上部建筑物、基坑降水、土方开挖及支护等施工必须交叉施工，为了确保各项目标的实现，项目监理部在实施前重点控制以下几点：一是共同管沟开挖及支护工程均属危险性较大的分部分项工程，要求施工方“安全专项施工方案”必须通过专家论证；二是基坑开挖前要求施工方查清场地地下所有管线分布情况，制定了安全合理、切实可行的施工措施对地下、地上各种管线加以保护；三是为降低地下水位、保证基坑顺利施工，专门打了降水井，并进行排水管的布设和电力配备等；四是为确保基坑开挖安全，进行了护坡桩、冠梁的施工；五是为掌握基坑周边建筑物的沉降

底板施工

顶板施工

土钉墙施工

沉箱施工

信息，在基坑坡顶设置变形观测点，在周边建筑物设置沉降观测点；六是基坑开挖严格按分层分段施工，自然放坡开挖深度不可超过3.5～4.5m、土钉墙2.5～3.5m、护坡桩3.5m，且每层分段开挖长度不宜超过30m；七是土钉墙施工必须分层进行，在每层土方开挖后及时进行土钉墙或锚索施工，喷射混凝土面层；八是严格要求施工方：上层支护体系未达到设计强度的70%时，不得进行下层土方开挖。

（二）采用基坑内、外大口径管井降水法，对基坑进行降水及地下水位的监测。由于地面上部建筑物与地下共同管沟交叉施工，施工期间既要保证上部建筑物的安全，又要满足基坑开挖宽度、深度以及安全要求，公司监理人员对基坑内各种边坡支护方案（土钉墙、护坡桩＋冠梁结合土钉墙、放坡＋挂网喷浆支护、护坡桩＋冠梁＋锚索结合土钉墙支护、双排桩支护、二级放坡＋锚索结合土钉墙支护、二级（三级）放坡＋挂网喷浆支护、放坡＋土钉墙支护）进行了验收及检测。最后对共同管沟进行了锚索/土钉拉拔试验，最终9组拉拔试验在达到拉拔力检测值时，锚头位移稳定，均未发生破坏，满足设计要求。

（三）遵循“安全环境是第一”原则，掌握建筑物与共同管沟施工期间，基坑及邻近建筑物沉降变化情况，从而防止其不均匀沉降量过大造成的损坏，确保施工顺利进行。施工期间设置的3个基准点均在降水影响范围外，在基坑内共设置观测点89个，在基坑邻近的每栋建筑物上均布置了观测点，且委托有资质的第三方进行了监测，检测结论：周边建筑物沉降均匀，均在允许控制范围内。

四、监理对参建各方关系的协调

（一）总监协调项目监理部内部人员关系

1.总监协调好监理人员内部关系，激励项目监理部人员的工作积极性。

2.明确监理人员的岗位职责，做到事事有人管，人人有专责。

3.建立信息沟通制度，如采用工作例会、业务碰头会等方式来沟通信息。

4.总监应及时消除工作中的矛盾和冲突，多听取监理人员的意见和建议，及时沟通，使项目监理机构始终处于团结、和谐、热情高涨的工作气氛之中。

（二）处理好与建设单位（韩方）的关系

1.充分理解建设单位的建设意图和目标要求。

2.利用工作之便做好监理宣传工作，增进建设单位对监理工作的理解，主动协助建设单位处理工程实施过程中的事务性工作。

3.按时将周报、月报递交建设单位，定期召开监理例会，需要时召开或参加工程会议、专题会议以及甲方与监理的内部会议，同时采取口头沟通、书面交流等多种形式，使建设单位及时了解监理工作、工程进度、出现的问题及对问题的处理情况等内容。

4.尊重建设单位，在工程实施过程中根据建设单位的需求和要求，对工程建设过程中遇到的技术和管理难题，及时召开专题协调会议，研究解决并提出合理化建议。

5.公司建立定期回访制度，对建设单位和相关方进行满意度调查，主动征询建设单位对监理工作的意见，不断改进项目监理工作。

（三）通过建设单位与设计单位进行协调

1.对施工中发现的问题，监理及时通过建设单位与设计单位去沟通，以免造成较大的损失。监理人员并与各参建施工单位协商，共同解决施工难题。

2.在分部工程验收、专项工程验收和竣工验收等验收环节，邀请设计单位代表参加，认真听取设计单位的意见。

3.做好施工单位和设计单位之间的枢纽，在解决施工单位的技术问题时尽量注意信息传递的程序，把握及时性、时效性。

（四）监理过程中处理好与施工单位的关系

建筑工程质量主要是施工单位“做”出来的，同时也是“管”出来的。在“管”中，施工单位的“管”也是首要的，其次才是建设、监理、质量监督等单位的“管”。所以，监理应尊重和支持施工单位的质管工作。

1.坚持原则，实事求是，严格执行工程建设的有关规范、规程和技术标准。在监理工作中强调各方面利益的一致性和工程建设总目标的实现。鼓励施工单位将工程建设实施状况、实施结果和遇到的困难和意见及时向项目监理机构汇报，以降低工程总目标实现的风险和减少困难。

2.日常工作中注意组织协调艺术，尽量减少和施工单位之间不必要的矛盾和冲突，但对原则问题绝不让步。

3.对于施工单位提出的技术和管理方面的问题，应及时、明确地予以答复。

4.一旦发现施工单位违约行为，立即通知施工单位停止违约，避免事态进一步扩大，随后应通知建设单位，共同制定对违约行为的处罚措施。

浅谈湘钢135MW超高压高温煤气发电工程的总监工作

中冶南方武汉威仕工程咨询管理有限公司　刘岳源

摘　要：本文主要介绍作者长期担任的工业企业富余煤气发电、干熄焦发电、炼钢蒸汽发电、135MW超高压高温煤气发电等新能源发电工程的总监工作的亲身体会和心得。对电力工程的质量控制重点，尤其是当前建设环境条件下的监理工作的要点、难点进行了较深入地探讨；对一个能源项目的总监在知识结构、认识水平、文化素养、专业结构等方面的要求也提出了自己的观点。

关键词：能源发电　总监　汽轮机　锅炉　调试　机组成套试验和启动

从2010年以来，笔者长期担任钢铁冶金项目总监，尤其是最近几年，连续担任富余煤气发电、干熄焦发电、炼钢蒸汽发电、135MW超高压高温煤气发电等冶金钢铁行业发电工程总监，这中间有经验、有教训、有欢乐、有泪水，现将些心得做个总结，不周之处，请行家指正。

一、总监要读懂国家能源发电经济政策

一个工业项目尤其是能源发电项目，总监不能只盯着自己的一亩三分地，还要对目前国家总的经济形式、能源政策和方向有大的了解和判断。一个能源项目总监必须时时刻刻与业主方、钢铁冶金部门、电力能源部门等方方面面，各行各业，形形色色人等打交道，你的知识结构、认识水平、文化素养、专业深度，别人很在意，也在交谈中能迅速感知。而由于你本人的知识面广，也能迅速对别人的诚意、事物的趋势、对工程的走向有基本和较准确的判断，否则头脑空空、不敢言语、手忙脚乱、言不由衷，时间一长，业主和对方是能感觉到一个优秀总监和一个合格总监之间的区别的。往往能源发电项目都是国家投资的大型重点工程，一个总监仅仅满足合格是远远不够的，作为一个能源发电项目的总监对该项目信息的敏感和关注是必须的。

二、总监要明了服务对象的需求

钢铁冶金行业的能源发电工程，往往既是所在企业的民心工程、效益工程，又是所在省份、市里的大型国企的环保、节能工程，各方关注，万众瞩目，牵涉所在企业的方方面面，以及许多利益团体的不同利益诉求。这样项目的总监须明察秋毫、洞若观火，关心的不能仅仅是所监理项目的本身，笔者所经历的两件事很能说明问题。

一是笔者到方大特钢任干熄焦发电工程总监时，由于种种原因晚到两个月上岗，而当时南昌钢铁厂改制为方大特钢，人心浮动，利益重新洗牌，笔者通过各种网络、报纸等对该企业改制情况已经有了较深入的了解，对中层干部的心态也有了基本的判断，本来甲方项目经理对总监晚到两个月颇有微词，但第一天交流，总监对该企业目前转制情况的把握以及对转制对本工程积极和消极的影响一一分析，深得甲方业主领导的佩服和信任。监理工作得到了业主的充分信任，该工程顺利投产后，该项目

经理马上提升为常务副厂长，真正实现干一项工程，树一座丰碑，开拓一片市场，结交一批朋友。

第二件事也颇能说明问题。笔者刚到华菱湘钢任135MW煤气发电工程总监时，业主工管部领导随口客气问一句“刘总监、有什么需要帮忙的？”由于本人长期对所服务监理企业的关注，每到一个钢厂每天必看企业的日报，故我随口答道“我没别的请求，只希望每天能看到《湘钢日报》”，后来该工管部领导提到，“威仕公司的总监素质是不一样，是真正关心我们的湘钢和我们的工程，否则别人不会每天看我们的《湘钢日报》”。而正是通过这些信息，我充分了解本人所监理工程各种内部条件和外部环境，对自己担任好能源发电项目总监是有极大帮助的。

三、总监要熟悉所监理项目的专业

这个题目让很多读者可能感到很意外，难道发电项目总监对电力不了解吗？实际上如果是电力行业的发电厂总监一般都是发配电专业的。但由于笔者长期在冶金钢铁行业任总监，尤其是这两年注重节能、环保，很多大型钢铁厂、化工厂、有色金属企业、水泥厂等开始上富余煤气发电、蒸汽发电、余热发电等环保、节能效益工程，笔者见到大部分这类工程总监为设备和土建专业总监居多，电力专业的较少，对电力行业标准和住建部标准、冶金部规范标准之间区别、要求并不是很了解。由于是能源发电工程项目，总监对电力电气不太了解，对调试重点不了解，会很吃亏，甚至监理不到位。因此，一个总监必须对本工程电气主接线、发配电、厂用电及直流系统、控制保护和测量要求、闪动装置的水平、电缆的选择和敷设有基本的了解，毕竟能源发电工程最终是要发出电来，要上网；作为监理监督、督促，总监及时完成、完善这些电气试验和数据以便提交电力主管部门是必须和必要的。这里必须指的是，作为一个负责任的总监，几个重要的电气试验，如高压电气绝缘耐压试验、变压器耐压试验、倒送电及同期试验、励磁机空载试验，并网发电前各项电气检查，总监要亲自参与，并组织确认会议及要求各方签署确认单。下面两个例子很能说明发电工程总监对业主的服务和帮助。

一是总监审核湘钢135MW富余煤气发电工程220kV电气耐压试验方案时，施工单位根据原来经验准备进行220kV电源性耐压试验为1小时的破坏性试验，而国家电网标准已将耐压时间由原标准1小时降为15分钟即可。本人审核方案时，发现承包商按原标准准备进行试验，当即要求改为15分钟，试验顺利通过后得到了电力部门认可，业主甲方也很满意。

二是业主方为发电上网，订了一套GIS高压220kV开关装置。国内某著名开关厂提供该设备时，未随机提供高压SF6绝缘气体在线检测装置，本人作为发配电专业高级工程师，发现这个问题后，及时指出，并要求厂家随机提供，开始厂家以合同未有该仪器为借口，不愿提供，后总监指出这本身应该是随设备本体配套而来，是合同本身的一部分。经过监理的公正、有效据理力争及业主及时要求，该设备厂家在设备投产、发电前将该在线检测装置安装到位。

四、总监对设备制造商要有认知能力

笔者作为国家首批注册设备监造工程师，一直对能源发电项目工程的设备及设备厂家较为关注。比如锅炉厂商，多比较杭锅、东方锅炉厂、武锅等设备和服务有何不同，同为汽轮机，了解东方电机、长动、上海电机厂等设备订货方面的一些情况，价格高的有价格高的道理，便宜的有便宜的理由。作为总监要与设备厂家代表、业主采购部门的技术负责人多沟通、多了解，对于设备的总体把握有极大的帮助。

五、总监对质量控制要抓住重点

严格按照国家对电力工程的八大质量控制重点，制订详细的监理检查大纲，并在监理过程中严格执行。

①电力工程开工前的质量检查

②电力工程土建工程质量检查

③锅炉水压实验前质量检查

④汽轮机扣盖前质量检查

⑤厂用电系统受电前质量检查

⑥发电厂整套机组启动前质量检查（单体调试）

⑦发电厂整套机组启动前质量检查（联动调试）

⑧验收、整改、移交质量检查

为此，针对湘钢135MW富余煤气发电工程，突出了以下监理的重点工作和安排。

1. 总监及各专业监理工程师必须对总包方设计意图、规程、规范有非常充分的理解和熟悉，尤其是电力行业的一些规程规范比冶金行业要严格、全面；制订出符合本工程特点的《监理大纲》并进行详细的目标分解，监理部要特别注意与建设单位、业主项目部充分沟通互相配合，一切从规程出发，为规程着想，不为少数利益团体左右。

2. 由于本机组是高压（13.5MPa）锅炉机组，对压力的要求比较严格，监理必须对所到现场设备进行严格的采购审查，以及设备到现场后的开箱检查工作（和业主一起），尤其是压力容器等设备到现场后，蛇形管、水冷壁等是否具有完整的出场压力检测报告，开关阀、安全阀在出厂前是否有完整的冷态调试合格报告（许多安全阀厂家出厂不做冷态调试，是到现场热态调试，不合格后再取芯研磨等）监理要严格检查设备是否符合招标文件要求，检查外观性能情况。

3. 目前许多发电站出现的问题都是设备问题：电力行业对设备监造尤其是大型设备的监造在工程建设中要引起高度重视，设备出厂前国家规定的各种试验报告（如动平衡报告、油浸试验、检验报告、绝缘耐压测试报告等）必须齐全，大型机组的制造、组装工艺必须得到必要监控，本工程总包应提交详细的汽轮发电机组、锅炉、电动给水泵、气动给水泵及小汽机的设备监造过程合格报告。

4. 本电厂施工工序多、工艺复杂、监理要重点控制隐蔽工程，监理对隐蔽工程采取旁站、巡视、严格检验等方式监理，并及时要求实施单位做好相关检验、检查、记录，凡没有经现场监理工程师认可的隐蔽工程，监理一律不予认可，杜绝隐蔽工程中有任何质量隐患。

5. 由于本工程属于超高压高温机组中间再凝汽式汽轮机且共有7级抽气加热系统，管道非常复杂、要求高，因此对管道监理工程师素质能力要求也非常高，管道的制作、焊接、防腐、布置、固定、吹扫、打压、打靶等必须严格按设计图纸、规程、规范来执行，用每一道工序质量确保管道质量。监理公司也派遣最有经验的管道监理工程师到现场监督。

6. 本工程的土建质量控制中，对大型设备基础的预埋孔洞、螺栓孔中心线、预埋件（尤其是汽轮发电机组的设备基础）将作为监理重点质量控制节点。

7. 汽轮发电机组的本体设备安装，从台板的布置就位到轴承座找平、找正，汽轮机找中心，汽封间隙、推力间隙检查到最终汽轮机扣大盖工序有18~19道，每一道工序监理要和业主一起认真检查后，方可进行下一道工序。用过程控制质量确保汽轮机安装质量，确保汽轮机安装就位后震动不超标。

8. 电气监理工程师要把220kV升压变和GIS出线柜的安装、调试作为质量控制的重点，尤其是升压变和GIS柜的绝缘检测，专业监理工程师将现场全程旁站、监督、记录，确保电气调试安全合格。

9. 外线1800m架空线路敷设220kV电线将是监理控制重点，采用电线架空方案可减少网损，提高运行可靠性，且投资较省，本方案对施工安全性、可靠性要求较高，电气专业监理工程师和安全监理工程师作为质量和安全监理重点全程监控。

10. 要特别对随汽轮机、锅炉等大型设备厂家配套的设备（如低压加热器，各种油泵，冷油器）等加以监控。由于目前我国能源、环保产业较热，许多大型汽轮机设备厂家并不生产配套的中型设备，而是直接要求配套厂家发货到工地，而这些配套设备到现场进度和质量得不到保证，已经成为发电工程施工进度和质量的一个顽症，总包方和监理方都要将工作做到前面，避免影响工程进度。

11. 整套机组的系统调试工作一定要请专业的电力系统调试单位来负责。设备安装单位大都宣称自己具备安装和调试资质，但往往只是具备单体调试能力，对机组的整套调试方案、调试设备、调试步骤并不熟悉（我们已有很多这方面的经验和教训），因此业主和总包一定要将锅炉汽机的整套调试和启动方案拿出来，请电力行业专业单位调试，并且出具完整的调试报告。

监理工程师职业定位的几点思考

山西省建设监理协会“专家委”　李静

工程监理制度在国际上具有悠久的历史，它在城市建设和工程实施监理中起着举足轻重的作用。我国的建设工程监理制度自1988年以来，至今已三十多年，毫无疑问，在这三十多年间，工程监理制度在提高建设工程质量、建设工程管理水平和投资效益等方面发挥了极其重要的作用。与此同时，我国的监理企业也如雨后春笋般迅速发展壮大起来，这一切都见证了监理行业的步步辉煌。而在这辉煌背后，监理工程师举足轻重的作用是不容置疑的。

从工程建设的前期策划、设计管理到工程招标、施工的全过程，包括进度、造价、质量及安全等方面的全方位管理需求，都有监理工程师的身影。监理工程师从事的是一份令人尊敬的职业，在技术领域的地位等同于法律领域的律师和医疗领域的医生。

一、监理工程师职业定位的法律依据

监理工程师在整个工程监理过程中的执业都是法律法规赋予的职能，因此，监理工程师的职业定位也必须在相应的法律依据的规定范围内。

（一）监理工程师的法律地位

1. 工程监理

《建筑法》第三十条明确规定：“国家推行建筑工程监理制度。国务院可以规定实行强制监理的建筑工程的范围。”《建设工程质量管理条例》第十二条规定：“五类工程必须实行监理，即：①国家重点建设工程；②大中型公用事业工程；③成片开发建设的住宅小区工程；④利用外国政府或者国际组织贷款、援助资金的工程；⑤国家规定必须实行监理的其他工程。”《建设工程监理范围和规模标准规定》又进一步细化了必须实行监理的工程范围和规模标准。

2. 监理单位（企业）

《建筑法》第三十四条规定：“工程监理单位应当在其资质等级许可的监理范围内，承担工程监理业务。”《建设工程质量管理条例》第三十七条规定：“工程监理单位应当选派具备相应资格的总监理工程师和监理工程师进驻施工现场。”《建设工程安全生产管理条例》第十四条规定：“工程监理单位应当审查施工组织设计中的安全技术措施或者专项施工方案是否符合工程建设强制性标准。”“工程监理单位在实施监理过程中，发现存在安全事故隐患的，应当要求施工单位整改；情况严重的，应当要求施工单位暂时停止施工，并及时报告建设单位。施工单位拒不整改或者不停止施工的，工程监理单位应当及时向有关主管部门报告。”

3. 监理工程师

监理工程师的主要业务是受聘于工程监理企业从事监理工作，受建设单位委托，代表工程监理企业完成监理合同约定的委托事项。因此，监理工程师的法律地位主要表现为受托人的权利和义务。

监理工程师的权利是：使用注册监理工程师称谓；在规定范围内从事执业活动；依据本人能力从事相应的执业活动；保管和使用本人的注册证书和执业印章；对本人执业活动进行解释和辩护；接受继续教育；获得相应劳动报酬；对侵犯本人权利的行为进行申诉。

监理工程师的义务是：遵守法律、法规和有关管理规定；履行管理职责，执行技术标准、规范和规程；保证执业活动成果的质量，并承担相应责任；接受继续教育，不断提高业务水平；在本人执业活动所形成的工程监理文件上签字、加盖执业印章；保守在执业中知悉的国家秘密和他人的商业、技术秘密；

不得涂改、倒卖、出租、出借或者以其他形式非法转让注册证书或者执业印章；不得同时在两个或者两个以上单位受聘或者执业；在规定的执业范围和聘用单位业务范围内从事执业活动；协助注册管理机构完成相关工作。

（二）监理工程师的定义

1. 监理规范中的定义

在《建设工程监理规范》GB/T 50319-2013中对监理工程师做了如下四个规定："注册监理工程师"是指取得国务院建设主管部门颁发的《中华人民共和国注册监理工程师注册执业证书》和执业印章，从事建设工程监理与相关服务等活动的人员；"总监理工程师"是指由工程监理单位法定代表人书面任命，负责履行建设工程监理合同、主持项目监理机构工作的注册监理工程师；"总监理工程师代表"是指经工程监理单位法定代表人同意，由总监理工程师书面授权，代表总监理工程师行使其部分职责和权力，具有工程类注册执业资格或具有中级及以上专业技术职称、3年及以上工程实践经验并经监理业务培训的人员；"专业监理工程师"是指由总监理工程师授权，负责实施某一专业或某一岗位的监理工作，有相应监理文件签发权，具有工程类注册执业资格或具有中级及以上专业技术职称、两年及以上工程实践经验并经监理业务培训的人员。

2. 监理合同中的定义

在《建设工程监理合同》（示范文本）（GF—2012—0202）中规定："总监理工程师"是指由监理人的法定代表人书面授权，全面负责履行本合同、主持项目监理机构工作的注册监理工程师。

3. 施工合同中的定义

在《建设工程施工合同》（示范文本）（GF—2013—0201）中规定："总监理工程师"是指由监理人任命并派驻施工现场进行工程监理的总负责人。

（三）监理工程师的职业定位

通过以上的分析可以得出结论，监理工程师是代表业主监控工程质量、进度、投资，是业主和承包商之间的桥梁。它不仅要求执业者懂得工程技术知识、成本核算，还需要其非常清楚建筑法规。总监理工程师是由监理单位法定代表人书面授权，全面负责监理合同的履行，主持项目监理机构的监理工程师。除此之外监理人员还包括专业监理工程师和监理员，但对于工程建设的全过程监理的质量，总监理工程师的作用至关重要。

二、监理工程师职业定位的社会视角

（一）社会的视角

作为监理行业的形象代表，监理工程师的行为举止在很大程度上影响着社会对监理行业的认知和了解。当前，工程建设监理在保证工程项目质量、保护国家利益和社会公共利益以及业主合法权益等方面日益显现它的巨大作用。建设监理得到了社会的普遍认可，可以说，目前我国建设监理的形势，总体上是好的，是健康发展的，但是由于少部分监理企业、监理工程师的市场行为不规范，尤其是在监理业务的承揽方式上，存在着转包监理业务、挂靠监理证照等现象；监理队伍总体素质不高，主要是缺乏经济管理和法律知识，缺乏全方位控制的能力；不少工程项目还存在着监理工作不到位、监理责任不落实等问题，都在社会上产生了很大的负面影响，在一定程度上没有得到社会市场的认可。因此，对于监理工程师的职业定位也就有了不大不小的影响。同时，由于政府监管有漏洞，明知有不法行为，也没有明确的法规处罚条文或制度，也没有下决心抓获证据进行处罚，只注意抓个别给社会造成极大影响的案例，对较普遍存在的不良现象没有下大力气纠正；还有另外一个非常重要的问题就是我国多年来工程监理业务收费标准与国际上相比明显偏低，这些都严重束缚了我国工程监理行业的继续发展，影响着监理行业从业人员的工作积极性。

（二）建设单位的视角

建设单位是建设工程范畴乃至工程项目管理的核心，它对监理工程师的视角在很大程度上影响着监理工程师的职业定位，甚至是关键作用。

在工程建设中，质量是工程建设的关键，任何一个环节出现问题都会给工程的整体质量带来严重的后果，甚至造成巨大的经济损失。因此，建设单位对其监理工作的重视程度就显而易见了。作为监理工程师必须对从工程设计一直到工程施工的诸多环节都要进行全面的监理，任何一个环节都不能疏忽，这样才能保证工程顺利完工以及房屋交接后能安全舒适可靠和高效地使用。

（三）施工单位的视角

在建设工程中，监理单位与施工单位之间的关系是监理与被监理的关系。虽然监理单位与施工单位之间没有直接的合同关系，但是监理工程师是受监理单位的委托授权履行监理合同的直接当事人，因此，对于施工单位而言，监理单位和监理工程师就是在代表建设单位履行施工合同的相关权利和义务。

监理工程师的职业定位在诸多因素的影响下，自觉与不自觉地也出现了许多不同的观点：监理工程师作为工程项目质量的负责人，在很大程度上被社会所认知；监理工程师作为建设单位的委托授权人，成为工程项目的施工现场的监管者，在很大程度上被项目参建各方所接受。但是，监理工程师在履职的时候，却遇到了诸多意想不到的问题，这些问题阻碍了监理工程师的正常履职，甚至颠覆了法律法规赋予监理工程师的职责。

三、监理工程师职业定位的几点困惑

当前，监理工程师的职业定位方面仍然存在许多问题因素。在相关法律规定、合同约定范畴内，已经将其的法律地位、职业能力、执业范围等方面规定的比较明确，但是在工程项目建设过程中由于参建各方对监理人员的地位及与各方的关系界定不清晰，履职过程中人为因素的影响导致监理工程师无所适从，在很大程度上影响了监理工作的正常履行。

（一）参建各方的认知缺陷

参建各方的认知缺陷是监理工程师定位不准的主要原因。部分建设单位认为监理人员是自己的雇员，必须为自己的利益着想，完全按自己的要求办事，监理人员受建设单位的约束，不能真正行使其正当的监管权利。质量监督机构认为监理人员代替了自己的职能，因而忽视了对工程质量的监管。施工企业认为监理人员只是建设单位的代言人，不具有真正的决定权，从根本上不服从监理人员的管理，给监理工作造成较大的困难。监理在工程建设的作用，没有广泛得到社会的认识，特别是对建设单位的宣传不到位，作为建设单位没有正确地认识监理单位的作用，没有全面地了解监理工程师的工作职能。使监理工作开展不能正常进行。

（二）施工单位的专业缺陷

施工单位的专业缺陷是监理工程师定位不准的重要诱因。工程项目建设过程的实施者是施工单位，整个施工现场的建造管理主导者是施工单位，但是由于我国目前的施工企业生产管理能力实际状况发展极不均衡，因此在工程项目实施阶段的运行过程中，由于施工单位的专业技术力量不足，管理水平较低，尤其是大量的农民工充斥在建设领域的一线，必然在项目管理的各个领域都存在致命的缺陷，也就在很多地方达不到各项指标的要求。这样，作为监理工程师就会在履职的过程中，遇到一些意想不到的问题，这些问题不应该存在，但事实上又必须面对，自然就会给监理工作的质量大打折扣。

（三）监理单位的定位缺陷

监理单位自身的定位不准是致命硬伤。由于监理工程师对自身的工作认识模糊，使工程建设各方在关系的协调上不顺畅，监理人员的决定不能实施，监理效果不够理想，工程质量监督工作出现漏洞。当工程出现质量问题时，建设单位、监理单位、施工单位还容易出现互相推诿扯皮的现象。虽然法律规定了具有相应资质的监理单位接受业主的委托对项目的实施进行监理，但监理单位不是业主在项目上的利益代表，必须依据工程建设监理合同、设计文件，相关规范、规定及相关法律对项目实施独立、科学、公正的监理。但是有许多监理工程师并不清楚自己的职责是什么，一味地无原则、无底线地“讨好”建设单位或者施工单位，这样既不能真正解决问题，又将自己置于两难的境地。

同时，监理企业的管理水平参差不齐，监理队伍总体素质还不高主要是缺乏经济管理和法律知识，缺乏全方位控制的能力。有的甚至对监理程序不熟悉，对做监理工作应把握的重点或非重点都不能很好地掌握，根本起不到应有的作用，致使监理行业在社会上未得到充分的认可，阻碍了监理事业的健康发展。项目管理与控制能力的薄弱，只能在现场进行质量监督工作，这也是我国建设监理与先进国家建设监理的主要差距。

四、监理工程师职业定位的几点建议

（一）监理单位的顶层设计

我国的建设工程监理已经逐步形成了一整套法律法规体系，使监理工作做到了有法可依，有章可循。同时实行建设监理制度，建立起了一支为投资者提供工程管理服务的专业化监理队伍。工程监理企业也通过市场机制和必要的行业政策引导，在工程监理行业逐步建立起综合性监理企业与专业性监理企业相结合、大中小型监理企业相结合的合理的企业结构。

作为监理企业要想发挥好自身的价值，就必须做好企业的顶层设计。多元化发展战略是一条可行之路。

首先，工程项目管理是一项复杂的系统工程，需要各类专业人才，监理工作任务的不平衡，必然造成人员在时间、空间上的浪费，监理单位就应实行多元化发展战略，充分利用人才优势和稳定队伍来拓展市场，根据市场需求来确定监理行业的多元发展。其次，建筑市场面临着激烈的竞争，往往会因任务不饱满，造成财务拮据，引起巨大的市场风险。监理企业就应通过多元化的手段来增强抗风险的能力，提高企业的生存能力。最后，工程项目监理要求从业人员既要具备工程技术、经济的专业知识，还要有一定的组织协调能力，是一种高智能的复合型人才，但实际上每个个体其能力都有所偏颇，监理单位就应根据监理业务的需求来进行人员组合的团队设计。这样，既能满足建设单位的各种需求，也能使各类监理企业各得其所，都能有合理的生存和发展空间，使其监理队伍不断壮大。

（二）监理机构的人员设置

监理单位本身要注意自己的人员配备和培训工作。作为监理单位，不仅要具备工程施工的监理能力，而且应当具备设计监理能力，以及工程项目前期工作的咨询能力，以适应全过程监理和咨询的需要。作为监理单位，不仅要具备工程质量的控制能力，而且要具备进度和投资的控制能力；不仅会使用技术手段，而且要熟练地使用经济控制手段、合同控制手段和法规控制手段，以适应全方位监理的需要。因此，监理单位不仅应该配备工程技术人才，而且应该配备和培训经济管理和合同管理方面的人才。

（三）监理工程师的职业定位

作为监理企业在工程项目上的主要管理者——监理工程师，就应本着对监理行业高度负责的工作态度，积极投身于监理事业的建设大军中。在履职的过程中，既要分清楚“违法”和“违约”的关系，又要有正确的判断力；既要拿捏好“底线”和“红线”的分寸，又要有果断的执行力，既然法律法规已经给我们“监理工程师”量身定做了“身份”，我们就应掌握好，执行好。只有每一个监理工程师都能按照相关的法律法国，相关的合同条款以及适用的规范、标准的相关规定，认真履职，既要有工作原则，又要会灵活变通，这样才能更好地为业主服务，对社会负责。

五、小结

本文通过对监理工程师职业定位的分析研究，从法律依据到社会视角，从建设单位、施工单位以及监理单位自身对监理角色的认识方面等内容进行了阐述。同时，进一步分析监理工程师在执业过程中存在的缺陷以及监理企业和监理从业人员对自身地位的认识不够，为了正确地认识并解决存在的问题，提出了要完善监理企业的顶层设计，加强规范化管理，规范监理企业的行为，提高从业人员的整体素质，建立健全监理组织机构，建立起适应市场需要的全方面、专业性的监理机构，明确监理工程师的职业定位，清晰明确地认真履职。这样才能使监理工程师在工程建设过程中发挥积极、高效的作用，才能使监理行业蓬勃发展。

试论监理在建筑工地施工扬尘专项治理中的监督之责

江苏伟业项目管理有限公司　陈国祥

摘　要：本文在简要阐述建筑工地施工扬尘专项治理工作重要性的基础上，着重围绕国家住房城乡建设部《建筑工地施工扬尘专项治理工作方案》的精神，就监理在建筑工地施工扬尘治理中的责任，以及监理在建筑工地施工扬尘治理中的工作职责进行详细的论述。

关键词：建筑工地　扬尘治理　监理职责

一、引言

2017年3月13日，国家住房城乡建设部办公厅印发了《建筑工地施工扬尘专项治理工作方案》(以下简称《工作方案》)。提出用为期一年的时间开展建筑工地施工扬尘专项治理。《工作方案》的出台，对于有效改善建筑工地施工环境，有效减少建设城市空气污染，提高城市居民的生活质量，推进城市生态文明建设，具有极其重要的现实意义。

应当说，建筑工地施工扬尘治理是一个老生常谈的问题了。然而，国家住房城乡建设部办公厅专门发文，明确目标、明确责任、明确时间、明确具体要求还是第一次。它清楚地表明，建筑工地施工扬尘治理不再是一般性的号召，而是到了动真碰硬的时候。开展建筑工地施工扬尘治理已经成为刻不容缓的事情。

本文试就监理人员在建筑工地施工扬尘治理中的责任及其工作职责谈点个人的看法，以供监理同行们参考。

二、建筑工地施工扬尘治理的重要性

我们经常听到人们抱怨雾霾天气越来越多，空气质量越来越差，也常常看到人们戴着口罩穿越大街小巷，频入医院门诊。透过这些现象，我们不得不面对一个现实，那就是我们的居住环境变得越来越差。有专家指出，人为排放是造成大气污染物增多、雾霾天气频繁出现的主要原因。但我们也不能忽视，建筑工地施工扬尘污染也是环境变差的因素之一。改善空气质量无疑需要综合治理，开展建筑工地施工扬尘治理也是其中不可或缺的方面。

（一）开展扬尘治理是改善施工环境的需要

凡是建筑工地，只要有施工就少不了扬尘。从建筑物或构筑物拆除到建筑垃圾清理，从土方开挖到堆放处理，从建筑材料运输到运输车辆冲洗，从钢筋绑扎焊接到混凝土砂浆搅拌预制，从道路施工进行铣刨到切割作业，等等，无一不产生扬尘。而身临其境的首先是建筑工地施工人员，包括甲方代表和我们的现场监理人员，毫无疑问，其受到的危害最大，危害程度最深。仅从自身利益出发，建筑工地施工人员也应当努力做好扬尘治理工作，以改善施工工地的施工环境。

（二）开展扬尘治理是减少空气污染的需要

建筑工地扬尘悬浮在空中，使空气变得混浊。单是一个工地可能影响不是很大，问题是随着城市化进程的加快，建成区面积的不断扩大，建筑施工工地数量持续增多，扬尘聚集的影响越来越大，而且这些施工工地环绕城市周围，不仅会使扬尘浓度增加，降低大气质量，同时也呈“○”形对城市形成包围，加重了城市空气污染。尤其是在大城市，高楼林立，空气流动性差，扬尘悬浮物滞留时间长，扬尘浓度必然严重超标。因此，控制建筑工地施工扬尘是减少空气污染、解决城市雾霾天气频发的关键因素之一。

（三）开展扬尘治理是提高居民健康水平的需要

毫无疑问，建筑工地施工扬尘对城市居民身体健康会产生非常不利的影响。因扬尘中含有大量的碳、氢、氧、硫、氯、氟等重金属，且反应后容易产生毒素，这种毒素直接影响到人们的身体健康。毕竟含有重金属元素扬尘颗粒会随着空气运动，一旦其中微小颗粒进入人们呼吸道系统，积留在肺泡中，就会引发气促、咳嗽、哮喘、脑溢血、高血压、结膜炎、咽炎等一系列疾病。再加上扬尘中含有大量细菌和病毒，扬尘会成为细菌和病毒的介质在空气中传播，严重影响人们的身体健康。所以，有效控制建筑工地施工扬尘问题，已经成为解决城市空气污染的重中之重，也是解决城市雾霾天气频发、还城市居民一片蓝天白云的关键举措。

三、监理在建筑工地施工扬尘治理中的责任

有人说，建筑工地施工扬尘治理与工程监理无关。持这种观点的人认为，《工作方案》在其“监督建筑工程各方主体主要责任落实情况”中明确了建设单位、施工单位和渣土运输单位的主要责任，并没有明确监理单位的主要责任，也就是说监理单位没有责任。笔者认为，这种认识是不正确的。可以说，建筑工地施工扬尘治理，监理单位责无旁贷。

（一）《工作方案》赋予了监理单位监督之责

《工作方案》在其“监督施工现场扬尘治理措施落实情况”中，提出了对施工场地、施工废弃物、施工物料扬尘治理的监督要求，而这一监督责任可更多地理解为监理单位的责任。因为在施工现场从事监督的唯有监理一家，非此没有第二家。另外聘请一家单位专门对扬尘进行监督既不可能、也不现实。因此，监理单位除了对施工现场的质量、进度、造价、安全进行控制和监督管理外，对施工现场的扬尘监督也负有不可推卸的责任。

（二）法律法规赋予了监理单位监督之责

《环境保护法》第六条规定“一切单位和个人都有保护环境的义务”，《建筑法》明确要求“建筑工程监理……代表建设单位实施监督”，而《工作方案》强调“建设单位对施工扬尘治理负总责”。所谓“负总责”，除了建设单位将防治扬尘污染的费用列入工程造价，足额支付施工扬尘治理费用外，同时也要求建设单位负起施工现场扬尘控制的管理之责。而监理是受建设单位委托从事现场监督工作的，必然要代表建设单位履行扬尘控制的监督之责。因此，开展施工现场扬尘治理是监理的职责所在。

（三）环境管理体系赋予了监理单位监督之责

新颁布的《环境管理体系 要求及使用指南》（GB/T 24001—2016），在组织所处的环境中明确“组织应确定：a）与环境管理体系有关的相关方；b）这些相关方的有关需求和期望（即要求）；c）这些需求和期望中哪些将成为其合规性义务”。监理在施工现场与施工单位打交道，无疑，对施工现场环境识别并采取控制检查措施，就成了监理单位重点责任和合规性义务。

四、监理在建筑工地施工扬尘治理中的工作职责

前面已经提到，监理在建筑工地施工扬尘治理中的责任主要是监督之职。因此，现场监理人员必须围绕建筑工地施工扬尘治理的总体目标，对建筑工地施工扬尘控制进行有效监督、检查和纠正建筑工地施工违法违规行为，切实解决房屋建筑、市政基础设施建设及建筑物拆除工地施工扬尘突出问题，提高建筑施工标准化水平。建立施工扬尘治理长效机制，有效遏制施工扬尘对城市空气质量的影响。

（一）监理应当履行好审查的职责

项目总监在确定项目监理机构人员岗位职责时，应当根据建设单位委托以及签订的《建设工程监理合同》，将建筑工地施工扬尘治理的职责列入其中。编制监理规划和监理实施细则时，也应当编写督促检查施工现场扬尘污染防治情况的内容。审查施工组织设计、专项施工方案、开复工报审表等，并一并审查施工单位扬尘污染防治方案。在建筑施工技术交底时，要了解施工单位有无设置遮挡防护墙（栏），施工过程中产出的扬尘及其处理措施；了解土方开挖与建筑材料运输过程中采取的防扬尘措施；了解自来水、电力、燃气、供热管线工程施工中采取的防扬尘措施；了解现场文明施工方面的费用投入等。对于先拆后建的工程，还要了解拆除前相关责任单位是否到建设主管部门备案，拆除过程扬尘的处理措施。

（二）监理应当履行好检查的职责

检查巡视是监理人员的主要职责之一。监理人员在检查巡视施工质量和安全隐患的同时，也应一并检查施工现场扬尘控制情况。建筑工地是否设置了围挡，并采取覆盖、分段作业、择时施工、洒水抑尘、冲洗地面和车辆等有效防尘降尘措施；施工现场的主要道路是否进行硬化处理；裸露的场地和堆放的土方是否采取了覆盖、固化或绿化等防尘措施；施工现场出口处是否设置车辆冲洗设施对驶出的车辆进行清洗等。建筑土方、建筑垃圾是否及时清运；在场地内堆存的，是否采用密闭式防尘网遮盖；建筑物内垃圾是否采用容器或搭设专用封闭式垃圾道的方式清运，有无凌空抛掷的现象；施工现场有无焚烧各类废弃物；土方和建筑垃圾的运输是否采用封闭式运输车辆或采取覆盖等措施。施工现场使用预拌制混凝土及预拌砂浆是否在规定区域内进行；是否采取封闭、降尘、降噪措施；水泥和其他易飞扬的细颗粒建筑材料是否密闭存放或采取覆盖等措施。

（三）监理应当履行好纠正的职责

监理在检查巡视过程中，发现施工现场扬尘没有得到有效控制的，应当在现场进行纠正。无论是哪个方面的问题，都要及时地指出来，并指导其采取切实有效的改正措施。问题改正后，要进行复检，直至问题得到圆满解决。对于现场不能及时纠正的，要通过联系单、通知单、备忘录等方式，要求施工单位立即整改；情况严重的，应当要求施工单位暂时停止施工，并及时报告建设单位；施工单位拒不整改或者不停止施工的，监理应当及时向属地建设行政主管部门或者其他相关部门报告。

（四）监理应当履行好改进的职责

新颁布的《环境管理体系 要求及使用指南》（GB/T 24001—2016）对组织提出了持续改进的要求。作为监理单位，在建筑工地施工扬尘治理监督工作中，也应当按照持续改进的要求，建立施工现场扬尘治理长效机制。在这方面，现场监理机构可尝试提前介入施工单位项目部的工作，定期进行防治扬尘污染宣讲，增强施工工地人员对防治扬尘污染的意识，提高防治扬尘污染的自觉性；督促施工单位遵守制定的各项规章制度，对违反制度的人员进行处罚。指导其编写扬尘治理目标责任书，认真将扬尘治理落实到人，定期对扬尘防治工作进行自检，进行考核、分析，总结经验，并对相关责任人的工作进行奖惩。指导其与劳务、物资供方签订环保协议，确保劳务人员遵守防治扬尘污染规定，物资供方所供物料符合环保要求，并在运输过程中避免跑冒滴漏。现场监理机构自身也要不断总结经验，不断提高施工现场扬尘治理的监管水平。

五、结束语

在城市化进程加快，建成区面积扩大，建筑施工工地数量持续增多的背景下，建筑施工场地扬尘污染对空气质量的影响日益严重，做好施工工地扬尘治理工作显得特别重要。监理在施工现场扬尘治理工作中负有不可推卸的监督之责。现场监理人员必须围绕建筑工地施工扬尘治理的总体目标，对建筑工地施工扬尘控制进行有效监督，并协助施工方建立施工扬尘治理长效机制，为自己创造一个空气洁净的工作环境，也为城市减少空气污染，解决雾霾问题贡献一份力量，同时为推动全社会扬尘污染防治作出应有的贡献。

PMC模式下长输管道工程外协管理实践研究

北京兴油工程项目管理有限公司　赵良

摘　要：针对PMC模式下长输管道工程外协管理难度较大、复杂因素较多等特点，介绍了PMC外协管理的内容及界面，并以大唐煤制气管道工程和陕西省眉县至陇县输气管道工程进行案例分析，提出了PMC模式下外协管理的建议，促进PMC模式可持续发展。

关键词：PMC　外协　实践　建议

“外协通，则管道通”是油气长输管道工程参与者都知道的俗语。油气长输管道工程作为线性工程，往往具有手续烦琐、程序复杂、协调难度较大、不可预见因素较多等特点。油气长输管道工程经过的行政区县较多，涉及地方土地、规划、水利、公路、铁路、电信、环保、消防、林业、安监等各级管理部门。随着工程建设环境对依法合规的要求越来越高，项目管理承包（Project Management contracting，以下简称PMC）模式下的外协管理职能不仅是地方协调，还应该包括专项行政及通过权手续，外协管理对象由业主、地方政府、承包商向规划、国土、环保、安监、消防等部门延伸。

一、外协管理内容

外协工作主要包括办理项目立项、专项评价、行政许可手续以及征占地补偿与地方关系协调、专项验收等。

（一）专项评价及核准手续

工程建设项目核准及专项评价手续主要包括：项目核准以及地质灾害、矿产压覆、职业卫生、地震评价、环境保护、安全设施、水土保持、防洪评价、节能评估、社会稳定等专项评价手续。

（二）行政许可手续

工程建设行政许可手续主要包括征（占）用林地行政许可、土地预审、规划选址意见书、建设用地规划许可证、建设工程规划许可证、土地使用权证、消防设计审核，以及工程穿越公路、铁路、河流，防雷防静电，压力容器等行政许可手续。

（三）征占地补偿与地方关系协调

1. 永久性征地：一般包括站场、阀室、办公场所、标志桩等需要长期使用的土地，须依法办理土地征用手续。

2. 临时占地：一般包括管道施工作业带、临时施工便道、临时场地等可恢复的站地，须依法办理临时赔偿手续。

3. 永久征用土地补偿费：以国家土地法和地方政府有关法规为依据。

4. 临时性占地及地上附着物补偿费：委托地方政府与使用权所有者协商解决，签订临时占地与地上附着物补偿协议，补偿费依据当地省、自治区、直辖市的标准执行，无标准的，协商解决。

5. 地方关系协调：委托地方政府协调解决工程建设过程中出现的阻工等难点问题。

（四）专项验收

专项验收一般包括安全设施、水土保持、职业卫生、环境保护、消防以及防雷装置等专项验收。

二、外协管理界面

（一）专项评价及核准手续

一般情况下，业主与专项评价报告编制单位签订的合同内容直接影响专项评价及核准手续的外协管理界面。若业主与专项评价报告编制单位签订的合同中包含与相应主管部门协调并办理专项评价手续等内容，PMC 负责配合提供相关资料、编制申请批复报告以及监督报告编制单位编制及报审进度等工作，比如陕西眉县至陇县输气管道工程。若业主与专项评价报告编制单位签订的合同中只有编制报告，不包含与相应主管部门协调并办理专项评价手续等内容，PMC 负责组织与相应主管部门协调并办理专项评价手续。以陕西省眉县至陇县输气管道工程为例，具体职责界面见表 1 所示。

（二）行政许可手续

一般情况下，PMC 协助业主办理土地预审、规划选址意见书、征（占）用林地行政许可、建设用地规划许可证、建设工程规划许可证、土地使用权证、消防设计审查等手续。EPC 或施工单位办理工程穿越公路、铁路、河流以及地下在役管线、电缆、光缆等通过权以及压力容器、压力管道许可手续，PMC 负责配合提供相关资料并跟踪办理进度。其中，根据业主与 EPC 或施工单位签订的合同，公路、河流以及地下在役管线、电缆、光缆等通过权责任界面会有不同，比如大唐煤制气项目，公路、河流以及地下在役管线、电缆、光缆等通过权由业主负责，PMC 组织办理，EPC 或施工单位配合办理。具体职责界面见表 2 所示。

表1

序号	工作内容	业主	PMC	编制单位
1	环境影响评价	组织	配合	编制及报审
2	水土保持评价	组织	配合	编制及报审
3	安全预评价	组织	配合	编制及报审
4	节能评估	组织	配合	编制及报审
5	社会稳定风险分析评价	组织	配合	编制及报审
6	防洪评价	组织	配合	编制及报审
7	地质灾害危险性评估	组织	配合	编制及报审
8	地震安全性评价	组织	配合	编制及报审
9	职业卫生评价	组织	配合	编制及报审
10	矿产压覆评价	组织	配合	编制及报审
11	项目核准	组织	配合	编制及报审

表2

序号	工作内容	业主	PMC	EPC/施工单位
1	选址意见书	负责	组织	/
2	土地预审	负责	组织	/
3	消防设计审查	负责	组织	/
4	建设用地规划许可证	负责	组织	/
5	土地使用权证	负责	组织	配合
6	建设工程规划许可证	负责	组织	配合
7	征（占）用林地行政许可	负责	组织	配合
8	公路通过权	负责	配合	组织
9	铁路通过权	负责	配合	组织
10	河流通过权	负责	配合	组织
11	地下在役管线、电缆、光缆等	负责	配合	组织
12	压力管道	负责	配合	组织
13	压力容器	负责	配合	组织

表3

序号	工作内容	业主	PMC	EPC/施工单位
1	征地补偿	负责	组织	配合
2	占地补偿	配合	配合	负责
3	地上物补偿	配合	配合	负责
4	县级以上（含县级）地方关系协调	负责	配合	配合
5	县级以下地方关系协调	配合	配合	负责

表4

序号	工作内容	业主	PMC	EPC/施工单位
1	安全设施	负责	组织	配合
2	水土保持	负责	组织	配合
3	消防	负责	组织	配合
4	职业卫生	负责	组织	配合
5	环境保护	负责	组织	配合
6	防雷装置	负责	组织	配合

（三）征占地补偿与地方关系协调

一般情况下，业主负责征地补偿工作，PMC 组织办理；业主负责县级以上（含县级）地方协调，PMC 配合，EPC 或施工单位负责县级以下地方协调；EPC 或施工单位负责占地以及地上物补偿工作，PMC 配合。其中，根据业主与 EPC 或施工单位签订的合同，占地以及地上物补偿工作界面会有不同，比如大唐煤制气项目由业主负责占地以及地上物补偿工作，陕西汉安线与眉陇线由施工单位负责占地及地上物补偿工作。具体工作界面如表 3 所示。

（四）专项验收

工程竣工后，业主负责办理安全设施、环境保护等专项验收手续，PMC 负责组织，EPC 或施工单位配合。具体工作界面如表 4 所示。

三、PMC 外协管理案例分析

近几年，随着工程建设市场“业主 +PMC+EPC”模式的大力推广，PMC 模式已经成为工程建设板块的主营业务和发展方向。目前一些长输管道工程 PMC 项目，比如大唐煤制气管道项目、广西天然气管网项目、陕西汉安线与眉陇线管道项目、潮州市高压天然气管道工程项目等，在外协管理方面除具有各自特点外，还普遍存在外协管理人员经验不足、工作烦琐、协调积极性不高、处理复杂问题能力不强等特点。

（一）大唐煤制气项目案例分析

关于大唐煤制气项目，PMC 单位与建设单位——中石油北京天然气管道有限公司签订的合同中明确了 PMC 外协工作职责范围，即组织办理专项评价、行政许可、征地手续、专项验收等手续，配合业主开展县级以上政府的协调工作，配合地方政府办理临时占地及地上物补偿工作，同时合同费用中明确没有协调费，只有管理费。大唐煤制气 PMC 项目部成立了专门的外协部，含 6 名外协管理人员（皆为新毕业大学生）。该项目外协管理工作具有以下特点：

1. 外协工作职责范围较广，覆盖项目全过程。

2. 外协工作烦琐，既要与规划、国土、水利等部门协调办理各种手续，又要配合处理各种阻工问题，向县级以上政府进行情况反映或参加专题协调会。

3. 外协管理人员经验不足，专题写作汇报能力不强，处理复杂问题能力不强，有时需要业主出面协调解决相关外协问题。

4. PMC 合同中没有协调费，外协管理人员与地方政府及相关部门沟通协调，没有相应的协调费用支持，有时不能及时有效地解决相关外协问题。

5. 参与地方协调工作较深，增加 PMC 费用支出。根据地方政府要求，PMC 参与确认每一份临时占地以及地上物清点、协议签订工作，增加 PMC 人力、物力等支出。

6. 部分地方政府及相关部门只认业主，不认 PMC，增加外协管理工作难度。

7. 涉及相关利益问题时，需要业主出面协调解决，PMC 负责报告以及配合相关工作。

（二）眉县至陇县输气管道工程项目案例分析

眉县至陇县输气管道工程项目，是北京兴油工程项目管理有限公司与陕西天然气工程公司组成联合体与建设单位——陕西天然气股份有限公司签订的 PMC 项目。PMC 负责配合业主办理专项评价、组织办理行政许可、征地手续、专项验收等手续，配合业主开展县级以上政府（含县级）的协调工作，配合施工单位办理临时占地及地上物补偿工作。其中，陕西天然气工程公司承担 PMC 总部职责，负责协调县级以上政府及相关部门的协调工作，北京兴油工程项目管理有限公司承担 PMC 分部职责，负责协调县级以下政府（含县级）及相关部门的协调工作，同时陕西天然气工程公司安排 4 名外协人员到现场接受 PMC 分部的管理。

眉县至陇县输气管道工程项目外协工作界面存在一定的复杂性。项目伊始，业主考虑把外协工作打包给 PMC，在合同中明确外协费用总体包干，由 PMC 负责全权决策管理，公司认为外协工作存在很多不可预见性，风险较大，最终明确合同费用中只有管理费用。PMC 项目部成立初期，由于 PMC 外协人员经验不足，处理复杂问题能力不强，不能及时作出决策，需要业主出面协调解决相关问题，于是业主成立了现场项目组，专门进行决策处理现场复杂问题，项目外协管理工作才逐渐走上了正轨。该项目外协管理工作具有以下特点：

1. 专项评价以及部分行政许可手续由业主委托报告编制单位负责办理，PMC 负责配合，临时占地以及地上物补偿由施工单位负责，PMC 的外协管理职责和强度较小。

2. 该项目 PMC 是由北京兴油工程项目管理有限公司与陕西天然气工程公司共同承担，在外协管理方面存在部分管理观念、方式不一致等问题，影响项目外协工作的开展。

3.PMC 外协管理人员外出发生的招待费等费用，由业主据实报销，提高了外协管理人员的积极性，有利于及时有效协调解决现场难点问题。

4. 部分地方政府及相关部门只认业主，不认 PMC，增加外协管理工作难度。

5.PMC 外协管理人员经验不足，涉及相关利益问题时，需要业主出面协调解决。

四、PMC 外协管理方面建议

外协管理是 PMC 项目管理中非常重要的一部分，下面是 PMC 模式下长输管道工程外协管理方面的几点建议：

（一）目前工程建设环境对依法合规要求越来越高，PMC 单位应该大力培养外协方面人才，着重培养外协管理人员熟悉外协相关手续办理流程、处理复杂问题的协调能力、书面写作汇报能力。

（二）为提高 PMC 外协管理人员积极性，及时有效解决现场复杂问题，PMC 与业主商定招待费等协调费用由业主据实报销，或者 PMC 与业主签订的合同中增加协调费用进行据实结算或总价包干，类似于 EPC 合同。

（三）为增加地方政府及相关部门对 PMC 外协管理工作的认知度，可以协调业主出具授权，或者建立业主、PMC 与地方政府及相关部门等的协调机制。

（四）由于专项评价报告编制单位非常熟悉相应专项评价主管部门，PMC 可以建议业主委托专项评价报告编制单位办理相应手续。

（五）当外协管理中涉及利益问题时，PMC 可以向业主报告，由业主决策后实施。

基于BIM技术的建设监理应用探讨

广州宏达工程顾问有限公司 张继 练巧辉 张伟萌 王长

引言

我国建设监理行业经过近三十年的发展，在建筑工程领域取得了显著的成绩。虽然目前BIM技术在监理工作中的应用还处在初级阶段，但对促进监理行业的发展，提高监理信息化、精细化的管理和控制水平，提供了一个有力的工具和平台。在新技术推广的过程中，需要技术与管理的互动，不是技术改造项目管理模式，而是技术不断对项目管理模式和工作流程提出新的要求，确切地说就是BIM技术能够改变项目管理的模式。

笔者所在的广州宏达工程顾问有限公司从2010开始，陆续在所承担建设监理的项目中应用BIM技术，以实现项目的精细化管理与高质量建设。通过一批项目的实践，我们逐渐摸索出一条BIM紧密结合项目建设监理，以“项目监理+BIM”为主导的应用模式。本文结合宏达公司的一些实际案例，对BIM技术在建设监理过程中的应用进行探讨。

一、BIM技术在建设监理中体现的特点

众所周知，项目监理是代表业主对建设工程的质量、造价、进度进行控制，对合同、信息进行管理，对工程建设相关方的关系进行协调。项目监理的核心手段之一就是事前预防，而BIM技术的特点为监理工作的前置管理提供了有力的技术支撑。以“项目监理+BIM”为主导的创新应用实践，也让我们发现了一些其他技术所不具备的新特点，真正认识到BIM技术给建设监理带来的优势。

（一）风险的前置管理

项目监理作为代表业主对项目进行监督管理的角色，以“制定计划——计划执行——监督反馈——整改检查”为管控手段，运用从工序质量到分项工程质量、分部工程质量、单位工程质量的系统控制过程，强调管理的计划性和可控性。监理质量控制的核心之一是事前预控，以图纸规范、标准、变更、文件等信息作为依据，对项目质量进行监督控制。而BIM技术的应用为监理工作的前置管理提供了有力的技术支撑和手段，通过虚拟建造可以预演的建设过程，对项目建设的进度、风险和质量进行模拟、优化，提前制定应对措施，使质量问题能被及时发现和切实整改，最大限度降低工程质量风险。

（二）监管过程的信息化

由于大型公建项目参建单位众多，从立项开始到竣工交付使用会产生海量信息，再加上信息传递流程长，难以避免会造成部分信息的丢失，为监理工作带来重大的影响。而BIM技术的应用，为监理工作提供了一个信息化交流的平台。例如在图纸会审、设计交底过程中，可以提取设计模型对模型深度和质量进行审查；在审查施工方案过程中，提取深化设计模型、关键节点的施工方案模拟，同时对施工方案的合理性和可施工性进行评审，最后增加监理质量控制的关键节点信息；在审查用于工程的材料、设备、构配件的质量过程中，可以提取模型中材料设备、构配件的信息并加入监理审核信息，平行检验结果信息；在检验批、隐蔽工程和分项验收工作中，

提取检验批、隐蔽工程和分项工程信息，并加入验收结论信息等；在竣工验收过程中，提取竣工模型，对模型真实性进行审查并在模型移交过程中加入竣工验收结论；在工程变更的处理中，提取模型信息，加入变更内容，利用模型统计工程量的变化及对费用和工期的影响，将工程变更单与模型关联。

（三）验收方式的改善

在传统的工程实施中，工程师通常采用测量、记录、统计、对照对比等手段，对工程现场信息进行采集、记录和统计分析；在应用 BIM 技术后，项目监理人员可以在每一个标准层施工的 3 个不同时间节点：钢结构吊装完成、混凝土浇筑完成、机电管线安装完成，通过移动终端对比检查部位的 BIM 模型和实体情况，判断整个工作面中施工与设计的偏差。

二、BIM 技术在建设监理中的应用

在引进 BIM 技术后，宏达公司结合监理工作特点，在多个项目中，对 BIM 技术在项目监理工作中的应用进行了探讨，总结出几种有助于提高监理效率、促进项目精细化管理的 BIM 应用。

（一）辅助进度管理

在 BIM 三维基础上，监理给 BIM 模型构成要素设定时间的维度，即可以实现 BIM 4D 应用。项目监理应用 BIM 技术对进度进行动态管理，审核项目计划，合理分配资源，动态掌握项目实际进度，重点防范项目时间风险。

1. 基于 BIM 的虚拟建造技术是将建筑物及其施工现场 3D 模型与施工进度计划相连接并与施工资源和场地布置信息集成一体，实现以天、周、月为时间单位，按不同的时间间隔对施工进度进行工序 4D 模拟，形象反映实际进度和施工计划的差异。

2. 按照工程项目的施工计划模拟现实的建造过程，在虚拟的环境下发现施工过程中可能存在的问题和风险，并针对问题对模型和计划进行调整和修改，反复地模拟检查和调整，进而优化施工计划。即使发生了设计变更、施工图变更等情况，也可以快速地对进度计划进行自动同步修改。

3. 通过 BIM 技术可以对专业模型进行空间整合，将各专业的模型整合成为一个完整的建筑模型，并通过碰撞检测、净高检查等方式，检测出各专业模型在空间位置上出现的交叉和碰撞，在机房、走廊等关键区域的净高不满足设计要求时，指导设计师进行模型修改，避免因为模型的空间碰撞和净高不满足要求而影响各专业之间的协同作业，继而影响项目的管理进度。

以宏达公司承接的某数据中心项目为例，考虑到项目规模大、工期紧、专业性强、项目复杂、统筹协调难度大等特点，在我们的建议下业主采用了 BIM 技术，对综合管线最复杂、设备最多的重点部位实施重点讨论，优化管线走向布局，同时为了解决传统二维管线综合布置的缺陷，针对两栋机楼综合管线最复杂的制冷机房内部进行优化。在受到部分甲供设备供货延误、恶劣天气条件较多、施工过程部分区域功能变更等不利因素的影响下，整个机电安装工期仍然控制在 210 天内，保证了项目的整体进度。

（二）材料设备管理

随着建筑行业标准化、工厂化、数字化水平的提升，以及建筑使用设备复杂性的提高，越来越多的建筑及设备构件通过工厂加工并运送到施工现场进行高效地组装。而这些建筑构件及设备是否能够及时运到现场，是否满足设计要求，质量是否合格将成为整个建筑施工建造过程中影响施工计划关键路径的重要环节。随着 BIM 技术在建设监理工作的应用，项目监理在材料设备管理方面也有新的变化：

1. 模型深化管理：审核 BIM 深化模型，重点检查 BIM 模型主要设备材料是否添加设计和成本信息，主要包括采购量、合同信息、生产厂家信息、进场时间等信息参数，同时按照采购要求分区域提取材料设备模型量，利用 BIM 模型量对材料采购量进行辅助审核，并将最终形成的材料设备采购清单与 BIM 模型进行关联。

2. 材料进场管理：一个工程项目的实施过程，工序繁杂，材料众多，只有从源头上控制材料质量，才能创建优质工程。在材料设备进场的时候，利用 BIM 技术，从 BIM 模型中分类导出材料设备清单，对进场材料设备各类指标与采购信息、设计信息（BIM 模型导出的清单信息）进行符合性对比检查。

3. 材料组织管理：安装材料的精细化管理一直是项目管理的难题，运用 BIM 模型，结合施工程序及工程形象进度周密安排材料采购计划，不仅能保证

工期与施工的连续性，而且能减少材料的二次搬运。同时，材料员根据工程实际进度，方便提取施工各阶段材料用量，在下达施工任务书中，附上完成该项施工任务的限额领料单，作为发料部门的控制依据，实行对各班组限额发料，从源头上做到材料的“有的放矢”，减少施工班组对材料的浪费。

4. 材料信息管理：借助 BIM 技术的信息采集功能可将每一个钢构件都用二维码记录下来。在加工阶段，工厂会在设备材料中张贴录入材料标高、轴线、坐标等位置信息的二维码标签，材料送到现场后通过仪器扫描就能知道这些材料的用处和位置，既便于及时调配和安装，也便于暂时储存和后期调用。

（三）辅助质量控制

1. 质量控制点管理：工序质量作为施工过程质量活动的基本单位，是质量控制的基础和核心，而质量控制点的设置则是对工序质量进行监控和过程控制的有效途径。因此，把握好质量控制点设置和管理环节的工作是质量控制的基础。

利用 BIM 技术可以对质量控制点进行质量控制，将关键部位的族文件与工厂加工构件进行对比，检查加工构件的外形、尺寸等是否符合加工要求。

比如，在某城市综合体项目中，我们根据项目特点和业主的应用需求，确定了包括综合支吊架、玻璃幕墙、管井、冷冻机房和数据机房等 18 类项目样板，从设计阶段开始制作相关样板，并深化延续到施工阶段，用于辅助指导现场施工和质量检查。

2. 施工组织模拟：施工组织设计是用来指导施工项目各项活动的技术、经济和组织的综合解决方案，是施工技术与管理有机结合的产物。通过 BIM 技术，对于一些重要的施工环节或采用新施工工艺的关键部位、施工现场平面布置等施工指导措施进行模拟和分析，以提高计划的可行性；也可以利用 BIM 技术结合施工组织计划进行预演以提高复杂建筑体系的可造性（例如：施工模板、玻璃装配、锚固等）。

借助 BIM 对施工组织的模拟，项目参建方能够非常直观地了解整个施工安装环节的时间节点和安装工序，并清晰把握在安装过程中的难点和要点；施工方也可以进一步对原有安装方案进行优化和改善，以提高施工效率、质量和施工方案的安全性。

3. 施工过程管理：利用基于 BIM 的监理信息平台，将传统的监理工作可视化、信息化，实现工程监理对项目的动态控制、及时预警和可视化监管。将工程实体的质量信息录入到 BIM 模型中，将原有的“质量身份证”与 BIM 模型相结合，通过移动端对质量检查内容进行拍照、录音和文字记录，并与模型关联，实现跟踪留痕。软件基于云实现与电脑数据同步或通过电脑客户端上传数据，以文档图钉的形式在模型中展现，协助、监督生产人员对质量安全问题进行处理，实现对工程项目的高效管理。与此同时，还可以将 BIM 技术与互联网技术、数码设备等相结合，实现数字化的监控管理，在关键施工阶段通过监测关键部位的应力、变形，可以提前识别施工现场危险源，提前发现安全隐患，更有效地管理施工现场。

4. 辅助质量验收：应用 BIM 技术辅助工程质量验收，是将 BIM 三维成果导入移动端设备，通过移动终端对比检查部位的 BIM 模型和实体情况，判断施工与设计的偏差。

结语

BIM 技术在工程建设中的优势逐渐得到了国家的重视，在工程建设中的应用也越来越全面，越来越广泛，在帮助监理人员全方位地了解工程建设、提升监理效率、节约项目建设的时间和成本的同时，推动了我们建筑业的发展。监理企业对此应有足够的重视，合理运用 BIM 技术这门新的技术不断提高监理效率、改善工作方法，使工程项目能够得到更好的建设和实施。

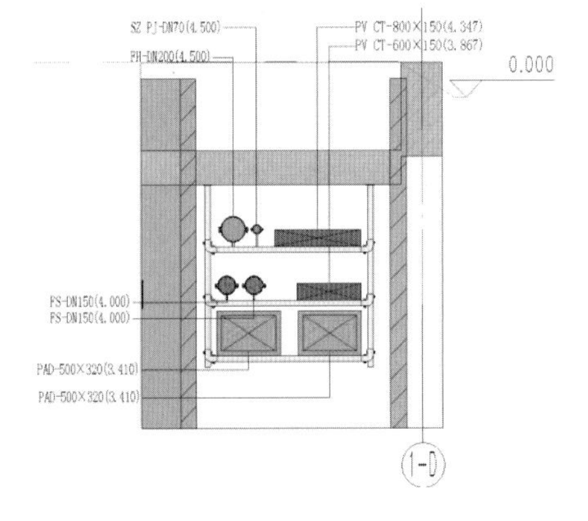

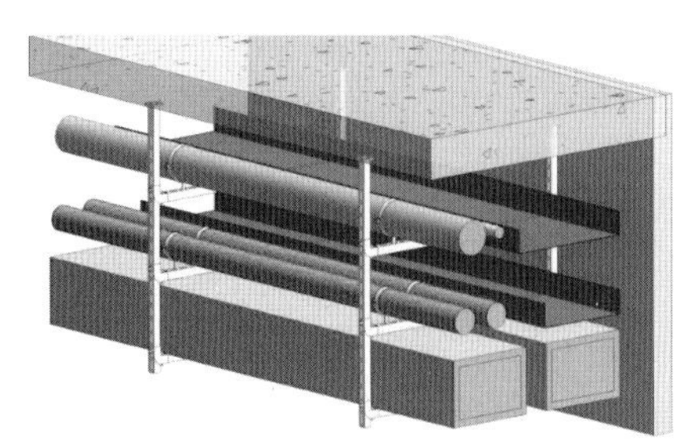

“BIM+”在历史保护建筑修缮项目管理中的创新实践

上海现代建筑设计集团工程建设咨询有限公司　袁晓　耿明光

摘　要：历史保护建筑的修缮，对于延续城市历史、传承城市文化内涵有着不可替代的作用。而以BIM为基础的多维数字技术（BIM+）在全过程、全专业协同工作中体现出越来越大的价值。本文以上海市多个历史保护建筑的修缮工程为载体，梳理“BIM+”在不同项目和不同阶段的创新应用点，对如何运用“BIM+”进行历史保护建筑修缮的全过程管理模式作出有益探索。

关键词：历史保护建筑　“BIM+”　项目管理　应用实践

一、历史保护建筑修缮的常见问题

不同于一般性的既有建筑改造，历史保护建筑由于存世时间较长、历史轨迹和沿革一般都曲折复杂，因此历史建筑修缮工程具有如下几个主要特点。

（一）历史保护建筑图纸设计数据缺失与建筑现状的冲突

历史保护建筑由于存世时间长、历史沿革复杂，且由于使用功能置换和历次修缮等因素，使得建筑现状与历史图纸产生不同程度的缺失或差异，原始历史图纸已经不能准确表现出建筑情况。因此，历史图纸设计数据与建筑现状的冲突严重制约历史保护建筑的使用功能及修缮方案，如何通过其他手段准确获取建筑现状数据是一项亟待解决的问题，而这恰恰是延续历史保护建筑的文化脉络，并且使之重焕新生的基础。

（二）历史保护建筑的孤品构件与现代建筑生产工艺和建造速度的冲突

历史保护建筑的核心重点保护部位之一是那些精美的装饰性构件，这些构件按照当时建造的惯例做法一般为手工雕磨，因此没有可以参考的图纸。而修缮工程中，由于经济效益驱动和快速建造的进度要求下，很难做到真正的“修旧如旧”，普遍采取简单粗犷的“破坏式”修缮。例如上海外滩6号、8号在最近一次修缮时，在石材外墙面做真石漆涂料严重破坏了建筑物的本来美感；再例如外滩东风饭店在花岗石块面上刷涂料，受到了国外历史建筑保护专家的批评。

（三）历史保护建筑与现行规范的冲突

随着国内建筑规范的完善，历史建筑与现行规范的冲突和矛盾暴露的愈发明显，特别是与消防（如消防电梯、消防楼梯、防火间距等）、人防（人防出口、人防通道）、卫生（垃圾房设置、厨房验收）、环保、节能、抗震等的现行强制性规范之间会发生冲突。目前国内政府建设主管部门的普遍态度为：除非不进行修缮，反之就要满足现行规范。因此，在保护历保建筑原有特征，并且利用技术手段加以更新修复的前提下，明确设计标准和技术措施，并同时解决后期的验收，是一项难度很大但同时又必需解决的问题。

二、运用“BIM+”进行历史保护建筑修缮的全过程项目管理实践

（一）历史保护建筑的修缮原则

历史保护建筑作为珍贵的历史遗

产，首先要保护性修缮；而作为建筑本身，要充分考虑与时代发展的结合，还要考虑利用性修缮。修缮的原则是既要充分保留历史赋予的文化积淀和内涵，同时也要充分挖掘建筑本身的基础性作用，平衡好“保护”和“利用”的辩证关系，使得历史保护建筑能够在新时代下重新焕发活力。

（二）“BIM+”的概念与作用

“BIM+”是以BIM为核心的一系列拓展应用技术，在通过建立三维空间模型进行设计和建造的基础上，整合包括三维扫描、三维打印、虚拟交互、3D-GIS等在内的多种新技术，形成涵盖策划、设计、性能模拟、全过程协同、智能化运维、专项咨询等方面的应用链。从而打破建筑行业不同专业、不同参建单位构成的信息壁垒和信息孤岛，通过贯穿于建筑工程全寿命周期的协同和集成管理，实现整个建筑业上下游业务链的协同作业，提高管理效率。

（三）运用“BIM+”技术进行历史保护建筑修缮的项目管理创新点

运用“BIM+”进行历史保护建筑修缮的项目管理创新点主要包括以下三个要素。

图1　“BIM+”全过程应用链示意

运用BIM+的历史保护建筑修缮项目管理框架概述　　表1

古建筑DNA	建造过程协同管理、精细化管理	智能化运维
现状模型： 利用三维扫描技术对建筑现状进行全方位扫描； 作为了解建筑现状的高精度基础数据库	可视化的策划、设计、施工： 利用BIM及其他如增强现实（Augmented Reality）、虚拟现实（Virtual Reality）、物联网（IOT）、3D-GIS、3D-PRINT等数字技术，形成一整套涵盖前期策划、设计、招标、施工等全生命周期的历史保护建筑可视化建造解决方案，实现协同和精细化管理； 提升决策依据的客观性，降低项目成本，提升经济效益和社会效益	数据共享： 利用BIM技术搭建数字化工程信息平台，通过iBeacon和物联网提高参观体验和运维效率； 为后期的物业维修、智能化运营管理提供更加科学、准确和全面的依据

1. 采集和复制“古建筑DNA”，完善“构件细胞”，为后续设计和施工提供基础数据。

2. 涵盖项目策划、设计管理、施工管理的全过程协同管理，实现贯穿整个项目全生命周期的精细化管理。

3. 建造过程的数据需可以转化成运维管理的数据，通过平台共享和数据互联，实现智能化运维和资产管理。

（四）运用“BIM+”进行历史保护建筑修缮项目管理的新模式探索

1. 前期策划创新应用：借助三维扫描，快速精准完成技术调查与方案论证

历史保护建筑修缮项目前期策划中的一个核心工作是完成准确详尽的技术调查，深入挖掘历史轨迹及沿革、充分挖掘建筑代表的历史文化内涵尤为重要。传统的技术调查模式一般是收集建筑原始图纸、资料档案、历年改造图纸资料等，重点调查建筑结构情况、建筑构造情况、保存完整度、外部区域情况等。但由于历史保护建筑存世时间较长、历史变化也较复杂，因此历史图纸一般是割裂的、破碎的、缺失的，与现场实际情况差异较大，这就导致按照传统前期策划模式进行技术尽职调查难度大、效率低、准确度低。

在这种情况下，引入三维激光扫描技术，是项目管理团队对历史保护建筑进行前期策划的一种全新技术手段。通过高速激光扫描测量的方法获取被测对象表面的三维坐标数据，可以快速、大量地采集空间点位信息，而且具有很高的分辨率，为快速建立物体的三维影像模型提供了一种全新的技术手段。三维激光扫描技术采用的扫描仪器提供每秒100万点的速度，整体精度可达1~2mm。

图2、图3所示为现代建设咨询公司承接的上海市某历史保护建筑修缮项目，管理团队借助三维扫描生成的点云模型数据，可快速了解该历史建筑的遗存状况和破损状况，为更准确、高效地完成技术尽职调查中关于结构情况描述、构造情况描述、保存完整度描述、外部区域描述等章节的编制提供了强大的真

图2　现场三维扫描（测量）

图3　三维扫描点云模型（破损查找）

图4　基于BIM的方案论证与必选

实基础数据支撑，也为后续在评估建筑现状的基础上进一步论证项目定位和功能布局等工作提供了可视化的决策支撑依据。

图4所示为现代建设咨询公司承接的上海某历史保护建筑修缮项目利用BIM进行塔楼恢复方案的论证与比选：上左为建筑现状，塔楼已灭失，只留有二层塔基；上右为历史照片（1936年），完整塔楼高度为39.9m，高于主体建筑本身；下左为利用三维扫描生成的点云模型数据；下右为利用BIM进行塔楼恢复方案的仿真可视化模拟。

2. 设计创新管理：逆向设计与3D打印，实现跨越时空的设计对话

对于历史保护建筑的修缮，法律与规范方面的要求非常严格，特别是外立面与屋顶，要求尽量要与古建筑的风貌保持一致，做到“修旧如旧”。因此，历史保护建筑修缮的设计管理核心工作就是确保设计成果与历史现状的匹配和协调。传统的设计管理主要依靠各种设计协调会议，依靠流程控制设计质量，但效果并不理想。引入逆向设计，通过与正向设计结合运用，是设计管理的一种全新模式。

对于历史保护建筑的设计管理团队来说，逆向设计与正向设计相结合运用，同时引入其他比如3D打印等多维数字技术，可以形成一种全新的、更有效的设计管理机制和模式，不仅可以实现对传统二维施工图的错漏碰缺进行检测，而且还是一种非常有效的快速精准复制“孤品构件”的系统方法，成为考核设计

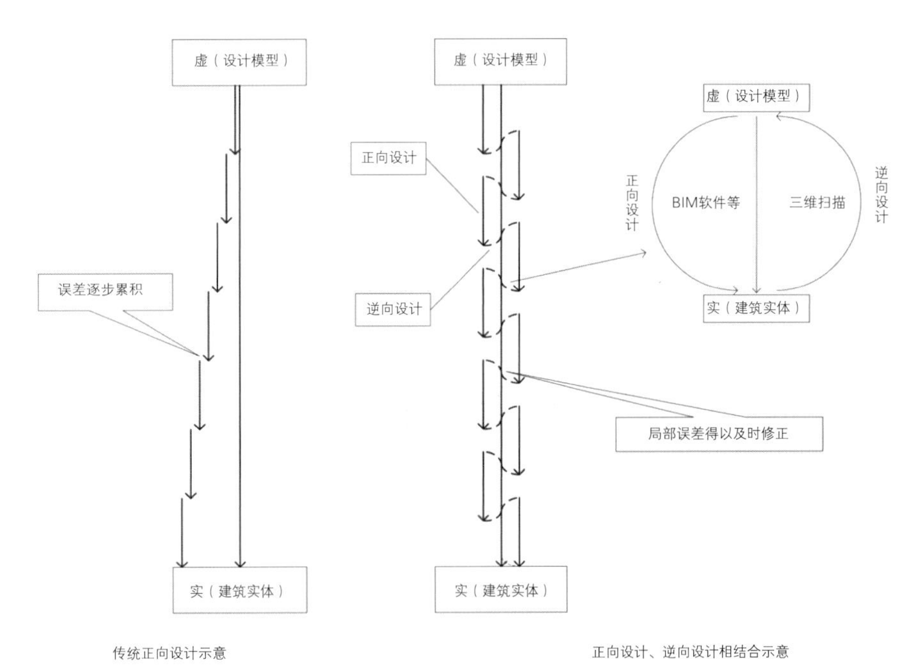

图5　正向设计、逆向设计相结合的设计管理创新模式

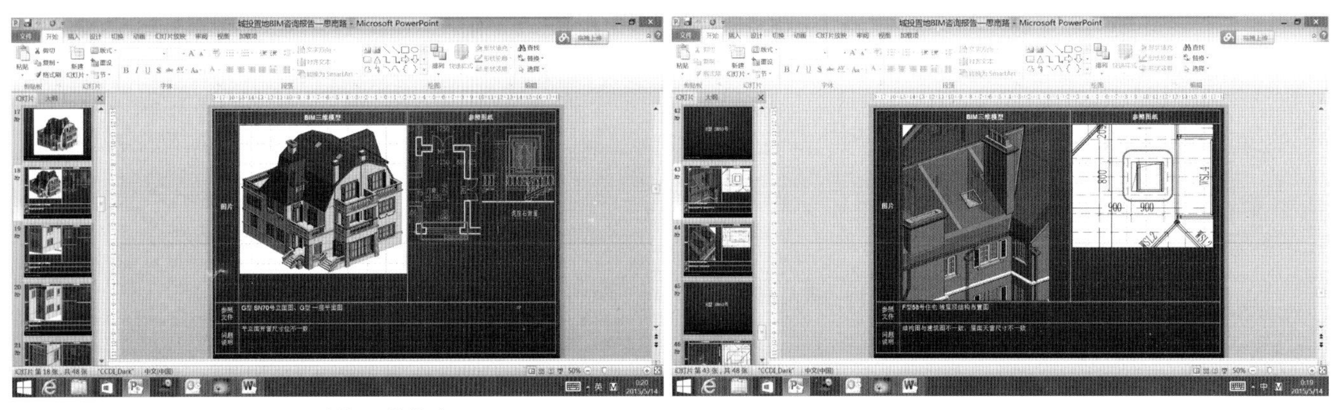

图6 BIM与三维扫描，对传统二维图纸的错漏碰缺检测

成果优劣的量化标准。

图 6 所示为运用 BIM 与三维扫描对传统二维设计图纸进行错漏碰缺检测；图 7 所示为引入逆向设计，通过三维扫描将遗存的“孤品构件”形成三维扫描点云数据模型，导入 BIM 软件中进行深化设计，真实还原“孤品构件”的数字模型；图 8 所示为利用 3D 打印技术，直接快速加工生产出实体构建模型。

3. 政府报建创新模式：3D-GIS、虚拟漫游与建筑性能模拟，更直观、更科学的专业技术沟通模式

对于历史保护建筑全过程项目管理来说，在前期策划和报批阶段，周边的路网情况、日照情况、视线遮挡、交通影响等均是必须考虑和评估的因素；设计阶段的建筑、规划方案比选；施工阶段的车辆流线组织、基坑开挖支护、施工场地管理；运营阶段的消防施救方案、紧急情况下的人员疏散方案、大型活动组织管理等都需要有明确的解决方案。在传统的项目报建过程中，此类信息多为二维图纸文件甚至只有文字描述，项目与周边环境的关系也仅体现在效果图层面进行概念性的表达，且表达的范围也相当有限，极大限制了政府审批的沟通效率，造成进度和投资控制方面较大的不确定因素。

引入 BIM 和 3D-GIS（三维地理信息系统）技术，结合虚拟现实技术和性能化分析，可以真实反映项目在三维数字城市中的情况，为政府审批提供了三维可视化展示、多解决方案比选以及可视化技术分析和模拟等更为科学的手段。并且通过强大、真实、全面、准确的三维可视化数据支持提高沟通效率和决策的科学性。图 9、图 10 所示为上海市某历史保护建筑项目运用互联网 3D-GIS 技术真实反映项目在城市模型中的现状，管理团队将其作为报批的可视化载体，降低了与政府部门的沟通成本，大大缩短了审批流程。

4. 施工创新管理：数字化虚拟施工和 5D 施工管控，更科学有效的施工优化管理

传统管理模式中，项目管理单位需要联合施工监理方和施工总包单位召开施工组织设计的论证和审核，重点包括车辆流线组织、基坑开挖支护、施工场

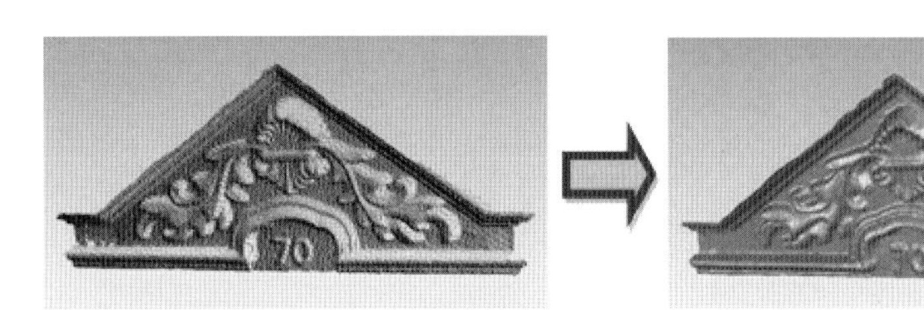

图7 逆向设计，根据实物模型还原设计模型

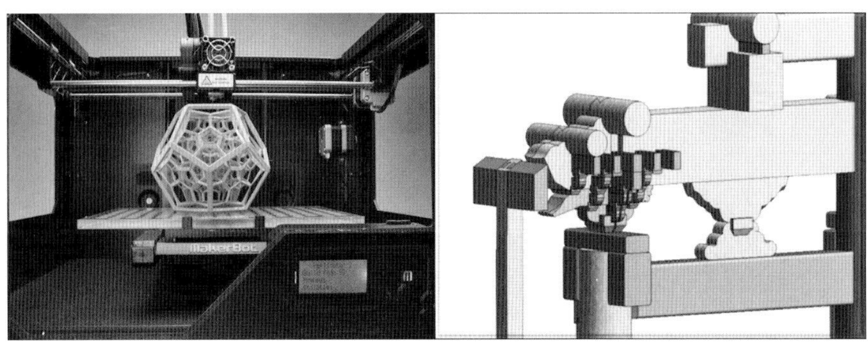

图8 3D打印，根据构件数据直接打印复制构件实体模型

图9　数字城市管理系统中的项目现状

图10　BIM 模型插入数字化城市（局部）

图11　利用虚拟施工进行施工可行性分析的探索

地管理、关键施工技术等内容。但常规的施工组织设计是以文字描述和二维文件为主，对关键工序、关键技术的可行性、合理性分析深度不够，前瞻性和准确性也不高。

采用 BIM 技术进行虚拟施工，可以快速直观地模拟施工过程中的关键工序和关键技术，通过减少误差、促进项目协调来大幅削减项目时间和成本，提升沟通效率，提高施工现场安全性，实现可视化的技术交底和施工可行性分析，从而可以为管理团队更科学准确地指导施工打下基础。

图 11 所示为笔者参与的某历史保护建筑在施工前，管理团队利用虚拟设计施工进行施工可行性的快速验证，对关键工序和技术进行动态模拟分析和优化。上左为某历史建筑保护项目大殿周边厢房拆除；上中为基坑挡土墙、场地桩施工；上右为右侧场地桩基平台施工；中左为建筑整体托换（滑道梁）；中中为建筑整体右移；中右为基坑、地下室和架空层施工；下左为建筑整体顶升；下中为建筑整体平移回原址；下右为建筑（主殿）向北平移至设计位置。

同时，在后期实际施工过程中，通过与“互联网 +”（VR 虚拟现实、AR 现实增强、HOLOLENSE 等）结合的“模模叠合、4D 模拟”形式，实时了解现场情况，并可将现场情况与设计模型比对，从而检查是否按图施工，或者设计模型存在哪些问题，可实现动态管控并及时纠偏。

三、结语

随着社会经济的发展，作为城市历史一部分的历史保护建筑修缮在业内乃至社会层面愈发受到关注，传统的粗犷式修缮方案和管理模式无法真正处理好“保护”和“利用”的辩证关系。本文将以 BIM 为基础的多维数字技术和历史保护建筑项目管理模式进行系统整合，梳理了一些创新应用点，同时给出具体案例实践和分析，希望对业内深入探索基于“BIM+”的历史保护建筑修缮工程项目管理模式带来有益启示。

参考文献：

[1] 姚政，耿明光. 中心城市历史保护建筑修缮工程的项目管理模式实证研究 [J]. 沪港科技合作研讨会论文集，2013.
[2] 赵华英，叶红华等. 上海玉佛禅寺修缮与改扩建工程BIM应用 [J]. 第四届工程建设计算机应用创新论坛论文集，2013.
[3] 王茹，张祥等. 基于BIM的古建筑保护方案经济指标体系构建与评价方法研究[J]. 建筑经济，2014.6.
[4] 杨光，吕芳等. 思南公馆——多维技术在古建筑群改造中的应用 [J]. 中国BIM门户创新杯论文集，2012.11.
[5] 上海现代建筑设计（集团）有限公司. 共同的遗产：上海现代建筑设计集团历史建筑保护工程实录[M]. 中国建筑工业出版社，2009.

论“新常态”下总监理工程师的项目管理工作

合肥工大建设监理有限责任公司　张飞

摘　要：本文介绍了“新常态”下总监理工程师的项目管理工作内容从十一个方面展开论述，并从质量、进度、投资控制，安全、合同、信息管理，以及监理协调和环境保护等十一个方面作了阐述，就总监理工程师的工作方法作出探讨，为目前建筑行业“新常态”下，总监理工程师的项目管理工作提供参考。

关键词：新常态　总监　项目管理

在国家深化政府体制改革，简政放权，转变政府职能的大背景下，住建部、交通部、水利部先后出台了一系列的行业专项管理文件。全国建筑行业主管部门正在加快转变监管方式，加强事中及事后的监管，加大违法处罚力度，建立行业信用系统。在政府及主管部门关于建设工程管理“新常态”下，作为总监理工程师的项目管理，应做好如下工作。

一、质量控制

工程质量控制是国内监理工作的核心工作之一，目前主要定位在施工阶段进行。影响项目质量的因素主要有：人（Man）、机械（Machine）、材料（Material）、方法（Method）、和环境（Environment）五等大因素，即“4M1E”，因此，事前对这五方面因素进行严格的控制，是保证项目质量的关键。[1]监理对于工程质量控制的主要方法有：施工前审核施工方案中关于工程质量控制的内容及施工工艺、施工方法，审查进场机械、设备的运行状况，审核进场单位、人员的资格情况，抽检进场材料、构配件的质量与设计文件的符合性，现场核查施工环境及施工场地周边交通运输道路是否满足施工需求，调查当地建筑用材的质量情况，审核勘察、设计文件的完整性及有无设计缺陷，现场核对工程地质情况与勘察报告的吻合程度，调查当地建筑用材的质量情况。

作为项目总监在工程开工前，应组织各专业的监理工程师，必要时也可邀请相关专业的资深专家，重点审查施工方案的可行性、勘察文件的真实性、设计文件的完整性，注重查找施工方案中理论计算的合理性、施工工艺的可行性，设计文件中是否存在与现行设计规范及国家标准条文相冲突或不满足的现象，查找设计文件中的“缺、漏、错、碰”等现象，重点审查各专业是否存在平面及空间位置布设的冲突点，审查设计方案的合理性及施工便利性。

总监应把工程质量控制作为核心工作来抓，培养自己的持续质量改进意识。对工程质量进行持续改进的最直接的动力之一是对工程质量提出的新要求。对工程质量的新要求来自于工程项目和服务的用户，也来自于社会公众、国家和自然环境，还来自于项目参与各方。[2]质量管理工作持续改进的理论依据：著名质量管理专家朱兰用一条螺旋式上升的曲线表达了产品生产、形成和实现的过程或产品质量形成的规律，该曲线被称为“朱兰螺旋曲线”。[3]在工程质量评价过程中，注意利用统计学原理，做好工程质量评价工作，做到工程质量评价合理、科学与公正。

二、进度控制

进度控制是总监理工程师的工作重点之一，目前房地产开发项目、企业厂房及办公项目、商业性项目以及政府公共建筑项目等，均要求施工进度符合合同文件约定的工期要求。这就要求总监理工程师具备相应的工程进度控制能力。一般情况下，总监理工程师可以通过审查施工组织设计中关于进度计划的安排、施工单位分阶段报审的进度计划以及工程例会中关于进度安排的内容进行进度控制。本人在实际工作中发现，在当前建筑环境下，要求施工单位上报工程进度计划网络图是控制工程进度的有效方法之一。用此方法来制定计划和控制实施情况，可以有效抓住关键路径，能使工序安排紧凑，保证合理的分配和利用人力、财力和施工机械等资源，采用网络法的一个重点工作是确定本工程关键线路。[4]

施工过程是个动态的过程，随着时间的变化施工环境、施工资源等要素也是变化的，因此进度控制是一个动态的控制过程。设立目标，根据施工阶段、工程项目所包含的子项、不同的施工单位、时间节点设立分目标。工程施工过程中对进度实行动态监控，派专人定期现场核查施工进度情况，建立定期收集进度情况汇总表，采用表格法、S 曲线法、横道进度图对比法、“香蕉”曲线比较法、垂直图比较法、前锋线法、横道进度图与“香蕉”曲线综合比较法等方法分析实际进度情况与计划进度的偏差，必要时召开进度控制专题例会，及时调整进度计划。进度计划调整方法：改变相关工作之间的逻辑关系、改变相关工作持续时间等。借助必要的项目管理软件进行进度管理，可以提高管理效率，绘制工程进度计划网络图，优化网络计划。

三、投资控制

根据项目具体特征，设立投资控制状态合理预测。对投资控制状态进行预测的目的是为了更有效地对投资进行控制，若投资将处于受控状态，不必采取措施；若投资将处于临界状态，需要警戒；若投资将处于失控状态，表明投资即将出现偏差，应立即采取相应措施加以遏制、纠正偏差。[5]总监理工程师的投资控制主要包括：审核设计变更、会同造价工程师审核工程签证、审查工程变更单价、审核施工方案、组织造价工程师审核工程量，遇到合同外工程量时，还需要审核工程单价。在审核新增项目结算款时，所报项目的单价必须仔细查对，按照定额计算，对比当时的运输条件、材料价格、人工费用等，避免施工单位对临时增加的项目报价过高造成新增项目投资的扩大。[6]

四、安全生产管理

建筑施工安全风险即施工安全重大危险源初步可分为：施工场所重大危险源、施工场所及周围地段重大危险源两类，其意外危害发生后，造成人员死亡或重伤以及重大物质损失。[7]安全工作是总监理工程师项目管理工作的核心之一，安全生产是关乎参与工程建设人员的第一大事，是工程参建人员的生命保障。项目总监要想做好工程建设安全管理工作，一般应做好审查施工和管理人员执业资格；审核施工组织设计、专项施工方案中关于安全生产管理方面的内容；督促施工单位按照投标承诺、施工合同约定及国家、地方及行业现行规范、要求；建立项目安全生产管理机构及安全生产管理制度；按照标准配备具备专业上岗资格的专职安全生产管理人员；配置安全生产物资；在项目开工之际，协助施工单位项目部做好项目涉及安全生产的危险源识别；建立危险源识别目录；编制危险源处置方案；同时作为项目监理机构应于开工前编制安全监理规划及实施细则，建立安全生产监理组织，落实专人负责安全生产巡查、旁站，将安全生产监理工作作为工程例会的主题之一。进行工程管理的过程中，将施工单位相关资质以及相关人员进行严格地管理，并将这种管理融入施工所有环节，从而核验是不是和投标文件一样，推行动态管理制度，进行全方位监管。[8]

五、合同管理

由于合同管理对项目的进度控制、质量管理、成本管理有总控制和总协调的作用，所以它是综合性的、全面的、高层次的管理工作。[9]总监理工程师的合同管理工作包括：审核与监理项目有关的合同文件，做好工程变更及补充协议的审核工作。作为项目总监，在工程开工前熟悉合同文件，尤其是针对个体工程的专用合同条款要掌握、并能做到正确理解，为今后工程合同解释做好准备。在合同解释过程中，把握公平、公正的原则，并考虑通常做法，做到解释有理、有据，以理服人。

六、信息管理

工程信息是指在整个项目周期内产生的反映和控制工程项目管理活动的所有组织、管理、经济、技术信息，其形式为各种数字、文本、报表、图像等。[10] 项目总监应在项目监理机构成立时，把项目信息管理人员纳入项目组成人员计划之内，落实专职或兼职项目信息管理员，建立工程信息流通渠道，划定信息专递范围、层次，监理信息管理制度及信息传递流程，制定信息收集、分类、传递、查询、保管的制度和流程，实现程序化管理工程信息。在项目监理规划时，对项目信息资源进行合理规划。信息资源规划是指对整个工程周期所需要的信息，从采集、处理、输出到实用的全面规划。最终目的是在统一的信息平台上建成集成化、网络化的信息系统。[11]

七、协调工作

协调管理是工程管理的核心职能，是联结、联合、调和所有的活动及力量，力求得到各方面协助，促使各方协同一致、齐心协力，以实现预定目标的一种管理方法，贯穿于整个项目管理过程中。只有做好协调管理工作，才能发挥系统整体功能，顺利实现工程建设的预定目标。[12] 协调业主与勘察设计单位，施工总、分包单位，材料供应单位、设备租赁单位的关系。要想做好协调工作，首先要理顺各参加单位之间的合同关系，以合同定各单位之间的关系主线，以项目为中心，以业主为关系枢纽，协调各方关系。比如：遇到工程地质与勘察结果不符时，总监首先应报告业主将这一信息传递给勘察单位，同时通知设计负责人，会同施工单位项目负责人共同到现场核查工程地质情况，协商是否需要采取进一步技术处理措施，采取符合工程情况的合理方案，保证工程质量、投资和进度在控制目标范围之内。遇到需要政府主管部门支持的情况时，及时向主管部门相关人员汇报，积极争取他们的支持，与政府主管部门之间进行有效的工作互动。[13]

八、施工过程中的环境保护及水土保持管理

今年来环境保护工作逐步纳入工程施工管理的主要工作范围之内。工程建设中产生的建筑垃圾综合处理；因工程施工需要裸露土壤表面、运输车辆运行中产生的扬尘治理；施工范围内水土保持及生态保护等涉及环境保护的，如：水土流失、施工中产生的废水等，作为项目总监都需要关注，并在项目管理中安排人员进行专题管理，并定期汇报管理结果。在环保管理工作中引进“绿色管理”理念，传统管理是在污染之后采用治理性技术除去污染，是“先污染后治理”模式，而绿色管理则是在污染之前采用预防性技术进行防止，是一种“源头治理 + 污染与治理并举”的新模式。[14] 监理单位要督促施工单位监理污水处理设施，对污水和废水进行处理，达标后才能排放。[15]

九、专业知识储备

种种迹象表明，国内建设领域的主流发展方向是强化个人能力、突出个体角色，这就要求总监理工程师应当是一专多能型复合人才，因此，总监不可避免地要涉及经营管理工作，作为监理企业的项目全权负责人，应努力建立个人影响力，积极寻求项目源，从一定程度上说总监理工程师就是项目监理机构这个团体的总负责人，应为这一团体的发展谋出路，努力承接适合项目团体特色的项目，做好项目成本控制，采取各种激励措施，提升团体凝聚力，利用机会扩大团体影响力，树立正面的品牌效应，为长期的经营工作夯实基础。

作为总监应了解专业技术发展动态，如：目前的桥梁工程发展现状是大跨度、高强度、造型新颖，能够与周边环境协调，低变形，高可靠性；隧道工程是结构的稳定性，建筑垃圾的可利用性，施工对生态环境的低污染；道路工程的发展现状是安全通过性，高舒适性，较好的耐久性，能够融入周边环境，较低的环境干扰，建筑材料的可重复利用；房屋建筑工程是使用的舒适、美观，结构的安全性，建筑外形的美观性，建筑的绿色化、标准化，注重建筑的生态性；水利工程的水资源节约性，结构的安全性，生态环境的美化性。绿色生态建筑必须是一种节约型建筑，它必将成为 21 世纪建筑业的主旋律，具体应体现在健康、节水、节地、节能、制污、循环利用。[16]

十、工程管理中的新兴信息技术应用

处在信息化的当代，各种新兴信息技术蓬勃发展，信息技术冲击到社会各个阶层，作为项目总监利用好新兴信息技术，不仅能提升项目管理效果，同时

可以加快信息处理速度。比如：采用建立项目管理人员微信或QQ群的方式，组织一个项目相关的各参建单位负责人员工作交流平台，将项目推进过程中发现的各种问题和工作指令，通过这一交流平台及时传递给问题解决者或指令执行者，并告知其他相关人员，避免出现多头指挥和指令不明确，以及由于信息不畅导致的处置延误及管理混乱现象，有助于项目推进。

利用互联网及计算机技术，做好项目进度、投资控制的管理工作，如：利用计算机技术做好项目进度网络计划、资源投入计划的优化及跟踪管理工作；建立投资支付管理台账及资金曲线图，做好项目投资控制工作。利用项目管理软件系统、监理项目管理处置中心，将项目参建各方联系起来，共同为项目实施贡献各自的力量。通过互联网交互平台，各阶段、各关键指标、各组织、各专业、各项目当前的供应信息共享不再局限于相邻成员之间，任何成员在共享信息范围内都可以和其他节点进行信息访问与共享需求。[17]

十一、信用管理

在全社会讲诚信的大背景下，作为项目总监，不仅要注重个人执业信用，同时要加强引导和管理项目监理机构组成人员注重个人信用，更要通过项目向业主等参建单位负责人、向社会传递企业信用信息，为将来项目的承接做好储备，在项目开工前做好信用风险管理组织机构。科学的信用风险管理组织结构是企业的风险管理目标得以实现，业务流程和方法得以顺利运行的基本保证。[18] 信用管理应该是全过程管理，包括事前管理、事中管理和事后管理，其中事前管理尤其重要。[19] 企业对诚信的追求和对诚信原则的把握与执行可分为三种基本形式（层次）：①以法律为准绳的诚信，即企业在经营活动中应严格遵守法律规定要求，信守合同，按照自己的承诺办事。②以道德为准绳的诚信，即从企业伦理道德角度对企业自身行为提出规范要求。③完全考虑当事者利益的诚信，即企业事事以对方利益最大化为准则。诚信的三个层次相互交织、层层递进。[20] 工程交工验收通过后，派专人负责及时办理信用评价登记工作。

十二、结束语

作为项目的总监应掌握当前社会及建筑行业管理大环境的“新常态”，为适应当前形势，就要不断加深自己的专业技术知识背景、开阔专业知识视野，尽力通晓不同专业知识，并将之融会贯通，同时具备一定的工程管理知识及出色的项目管理能力，掌握现行专业技术规范、标准、法规、条例及地方主管部门的管理要求，了解行业的现状、动态，准确把握行业发展趋势。监理工作也要与时俱进，持续改进监理方法，丰富监理手段，提升监理工作水平与监理决策的科学性，只有这样，才能更好地为业主做好咨询、服务工作，让监理工作溯本归源。

参考文献：

[1] 荀伯让.建设工程项目管理[M].北京：机械工业出版社，2005。
[2] 王祖和.工程质量持续改进系统研究[M].同济大学,2003。
[3] Juran：Juran on Quality by Design The New Steps for Planning Quality into Goods and ServiceI. Juran Institute,Inc,1992.
[4] 李渊.浅谈住宅工程项目施工进度管理.中国高新技术企业[J],2010，6：127.
[5] 段晓晨,张晋武,李利军等. 政府投资项目全面投资控制理论和方法研究[M]. 北京：科学出版社，2007，106.
[6] 秦何聪,王诗瑶.岳城水库除险加固工程投资控制.海河水利[J],2011,5:56–57.
[7] 袁俊利.建筑工程安全的风险识别与控制.平顶山工学院学报[J],2009,1:77–79.
[8] 吴小娟.监理如何做好施工过程中的安全管理.河南建材[J],2016，3：60–61.
[9] 王军，马静.浅谈施工阶段工程承包合同管理.科技信息[J],2010，17:851–852.
[10]，[11] 陆群浩.浅谈信息技术环境下的工程项目信息化管理[J],2010，10：148–149.
[12] 刘晓峰.浅谈工程建设中的协调管理.城市建设[J],2009,32:211–212.
[13] 王若尧，张飞.浅议监理企业项目团队负责人的工作.工程与建设[J],2015，2：285–286.
[14] 吴艳艳，陈运，赵柏波.绿色管理——企业管理发展新取向.现代商业[J],2010，9：104–105.
[15] 张健.公路工程施工阶段安全环保监理措施.交通世界[J],2016，13：124–125.
[16] 连娜.试论生态建筑住宅设要求与方法.建筑知识[J],2012，4：69–70.
[17] 李勇，管昌生.基于BIM技术的工程项目信息管理模式与策略.工程管理学报[J],2012，4：17–21.
[18] 何丽鹏.高新技术企业信用风险管理研究[M].石家庄经济学院，2010：29.
[19] 武庆弟.公路施工企业信用体系建设与管理研究[M].长安大学，2013.
[20] 文亚青.三位一体的企业全面信用管理实证分析.求索[J],2008，4：39–41.

浅议监理工作品质的体现

武汉宏宇建设工程咨询有限公司 陈继东

摘 要：监理工作品质的评价标准，首先应以监理自身工作中形成的产品来衡量监理工作品质的重要标准，其次考核施工单位在接受监理管理后的质量、安全等方面有无“增量”的提升。

关键词：监理工作品质 工程资料 预控分析 增值性评价

监理咨询行业在整个建筑行业的产业链中占有重要一环，发展的历程也不算短，但是却没有一套能隔绝外界影响因素，对监理咨询工作进行独立、客观评价的体系标准。导致在监理行业中以施工单位管控能力的高低来验证监理咨询工作水平的不正常现象，这种不正常现象的持续存在，使得监理咨询工作品质很难独立评价，自身工作成绩的好坏大部分依托在施工单位的管理水平上，也使得监理咨询工程师在工作中日益失去自信。我们应该认真分析监理咨询工作品质的存在形式，对监理咨询工作品质形成独立的评价标准。

一、监理工作的品质不应完全从以下几个标准去衡量

（一）施工单位管控能力的高低，不能完全代表监理咨询工作品质。

目前，对监理咨询工作品质的考核重点放在了施工质量和安全方面，但是施工质量和安全最直接的控制主体是施工单位而不是监理单位。这样完全以施工单位对施工质量和安全的管控能力来考核监理咨询工作品质的评判标准形成后，导致了施工单位管理水平高，监理就一荣俱荣，相反施工单位水平低下，监理单位就一损俱损的局面。

这样评判标准形成后就会导致监理咨询行业放弃了对自身工作品质的追求，遇到好施工单位什么都好，监理的管控工作也轻松，甚至能够坐享其成；遇到差的施工单位，就怨天尤人，认为再怎么努力做好也很难得到正面的评价和肯定。

在此，提出将监理咨询的工作品质和施工单位的管控能力区分开，以监理咨询本身的工作成果作为判断工作品质的最重要标准。

（二）优秀监理资料员的工作水平，不完全代表监理咨询工作的品质。

工程资料是施工过程形成的除了建筑产品之外的另外一个重要成果，它能如实地反映工程施工全过程，能够具有可追溯性，重要性不言而喻。

工程资料应该作为监理咨询工作品质衡量的

重要标准之一，好的监理资料员可以对工程资料进行整理分类，也可以完成部分资料的制作，如能够做到台账清晰，查找方便。但是，对更能体现监理咨询工作品质和水平的资料，如监理规划、监理细则的指导性、针对性；监理月报对三控三管方面的分析和建议；监理例会对各种问题发生原因的分析和预控措施，等等，都是能够具体监理咨询工作内在技术含量的工程资料，却不是一个好的资料员的能力范围，更需要总监理工程师和专业监理工程师共同协作，付出智慧才能最终凝结成好的监理资料成果，这样的成果才是衡量监理工作品质的重要方面。

（三）工程出现问题，不完全代表监理咨询工作没有品质。

这是解放思想的一个命题，遇到工程出现问题，可能是施工单位的责任、设计的责任、建设单位的责任。也有可能是监理的责任。有时候责任主体很好区分，但是却往往要监理去承担连带责任。比如：施工单位不听从监理指令或者根本不通过监理，施工出现问题说是监理没有管理好；设计出问题说是监理没有提早发现，在图纸会审中没有提出，这样无限扩大监理咨询的责任范围，对提高监理工作品质并无益处，有时候效果可能是适得其反。

监理工作是代表建设单位行使工程管理职权，其职权范围是超越不了建设单位的职责范围的，建设单位授权监理工程师进行管理，但是责任主体是施工单位，施工单位如果素质低下，管理能力不高，监理也很难运用建设单位合同延伸出来的各种手段确保工程不出任何问题。就算是取消强制监理制度，建设单位直接管理工程也不可能保证工程不出问题，但是那时候责任的区分却容易得多。

如果工程出现问题，不能清晰区分责任，很容易将监理的立场推向施工单位一边，出现能够隐瞒的问题就协助施工单位进行隐瞒的现象，这就是适得其反的具体体现。发生质量问题，正确区分各个责任主体的责任，有助于监理积极发现问题，反映问题，运用监理的能力杜绝各种问题的屡次发生才是监理工作品质的重要体现。

二、监理工程师的自身工作水平和监理企业能为项目监理工程师提供技术支持的能力，应该是衡量监理工作品质的最重要标准

（一）事前控制阶段，监理工程师对工程管理有预控分析，监理企业能有数据平台为监理工程师决策提供数据支持。

1.质量控制和安全管理方面

（1）监理规划、监理细则的针对性和先进性。针对性表现在能将监理工程师在什么时候，计划用什么方法，做什么事情介绍清楚，先进性表现在能采用新技术、新装备对工程进行有效管控。

（2）对施工组织合理性的判断。对不合理的

施工组织措施应明确指出，提请修改，并对修改和完成情况进行统计、记录和汇总。

（3）监理例会上对下步工作风险有分析、有预控措施等。

2. 造价控制方面

（1）监理工程师有能力对建设单位提供的前期造价资料，如工程量清单、施工单位综合单价等进行造价控制风险分析，对施工单位报价中采用的不平衡报价等具备分析能力和预防措施。

（2）监理企业对建设单位需要在施工过程中采购的服务价格应该有数据支持。如能够通过监理企业数据库查询到：如桩基础检测、深基坑监测、环境监测等相关费用的记取费用区间等。

3. 进度控制方面：

监理企业应该建立各种类型工程的进度控制数据库，为监理工程师进度审核提供依据，对明显在人、机、料、法等方面不能满足工期目标的进度计划提出修改意见。

（二）事中控制阶段，监理工作留有痕迹，管理流程规范，记录完整正确。

1. 质量控制、安全管理方面

（1）现场监理检查工作留有痕迹。如应该平行检测的部位应进行实测实量并进行标注，需返工部位进行标注，在已经标注的部位进行拍照记录监理的管控痕迹。

（2）监理日志能较为全面反映监理过程控制情况。

（3）监理通知单的及时性、针对性、规范性较强，能用图片支持整改前后的对比。

2. 造价控制方面

能够根据监理造价控制的工作内容，结合建设单位在造价方面的管理要求，完成工程计量、签证、工程款审批等工作，并能够形成阶段性的工作总结在监理月报中分析出造价控制风险及应对措施。

3. 进度方面

在施工过程中能够掌握人、机、料、法、环的变化情况对进度控制工作的影响，对工期延误有书面的管理痕迹。

（三）事后控制阶段，监理工程师能够为建设单位提出咨询建议，对监理过程中的各项成果有总结，对形成的数据能形成企业级的数据库。

1. 质量、安全表现在：监理例会对发生的各种质量、安全方面的问题原因进行分析，对施工单位提出的整改方案的合理性作出判断，进行审批。

2. 造价控制方面：竣工结算阶段，能够根据竣工图纸对监理签认的支付证书、工程变更、工程签证、设计变更等进行审核确认；协助审计单位对工程竣工结算提供正确完整的证明材料。

3. 进度控制方面：对进度控制工作总结尽量excel表格化，将每个工程的进度情况进行数据化的分析和储存，为其他项目的进度审核提供数据支持。

做好监理咨询服务工作，发挥出工作品质个人能力和公司技术支持缺一不可，对于不同的服务对象也应提供相应的咨询服务品质，如对于有工程管理经验的建设单位如房地产公司，应提出咨询意见帮助建设单位决策。在针对咨询服务行业的工程保险实施后，对于没有经验的建设单位，应有能力和决心为建设单位进行合理的决策，不承担决策风险如何体现价值？通过决策积累经验与自信，才能向全过程的项目管理复合人才发展，体现监理工程师的核心价值。

三、监理管理工作中，考核被管理对象的“增值性评价”体系指标是衡量监理工作品质的一个重要标准

监理行业的定位是咨询行业，全球最著名的

管理咨询公司麦肯锡，为全球各类企业提供企业管理方面的咨询服务，衡量其企业管理咨询品质的重要指标就是企业在接受麦肯锡咨询后各类财务指标、人力资源指标的显著提升，这个提升就是“增值性评价”。不管企业规模是大还是小，原来的经营状况如何，只要通过咨询服务，其各种指标得到了有效的增长，就是咨询的价值所在。

再如老师对学生的教育，是反映在这位学生受到老师的教育后成绩有无改变和提高，有提高相对于这位学生就是获得了“增量”，就应该对老师作出肯定。同时，也不是每一位学生都能通过老师的教育转变成优等生的，成为优等生跟自身的素质是紧密相关的，老师要做的是保证学生相对于过去自身的水平有提高、有进步，获得“增量”，能做到这些就是一个好的老师。

施工单位的管理素质有高有低，监理管理的品质考核重点，应该放在有没有在该项目上让施工单位的质量、安全管理水平有所提升。如施工单位在钢筋分项工程上面，出现了很多问题，监理工程师通过口头指令、监理通知单、例会分析等形式进行管控后，钢筋分项工程的问题逐渐减少了，这就是监理工作的品质所在，也是对监理工作能力考核的重要环节。也许最终的施工质量仍是刚刚合格，但是通过监理的不懈努力，使原本不及格的标准达到合格的标准，监理的工作品质就应该得到赞许。

目前，监理工作的“增值性评价”体系指标不容易确定，但是部分监理管理软件是有在这方面进行数据分析和统计的潜力的。可以从监理控制手段的角度，对旁站、巡视、平行检验、见证取样、审核审批、技术复核、验收等工作成果的数据进行统计形成对比，就是组成“增值性评价”体系指标的重要数据来源。

笔者根据实际工作经验，认为以下这些数据可以作为评价指标：

1. 可以在软件中设计，一个施工周期，每10000m^2，监理工作中发现质量问题、改善问题的比率，形成统计数据比值。

2. 在检验批统计中，可以对“一般项目”在监理控制之下，其偏差比率有没有减小的趋势，形成统计数据比值。

3. 对于施工组织设计、施工方案要重视审批结果，更要重视作为监理运用审核审批的手段，提出意见，帮助施工单位对各种方案的编制水平提高的能力，要分阶段对施工单位申报的施工组织设计、施工方案中审核提出的问题及优化建议进行统计形成百分比数值，这也是项目监理机构对施工单位进行有效的增值性管理的证明。

这些都是监理管理软件可以实现的功能，实现这些功能就能用数据体现监理工作的品质和价值，也可以实现“增值性评价”的指标性考核。即使现阶段，不能依靠管理软件实现这些功能，监理工程师也要做好对自己工作成果的保留、对比分析、数据统计等工作，在向建设单位提交的月报成果中这些应该是重要的内容。

监理企业和行业协会也要用“增量”评价的维度对项目监理机构的工作品质进行评价，向建设单位、建设政主管部门阐述监理工作的价值体现，不要让不正确的评价标准影响监理工程师的执业信心。

综上所述，笔者就自身在管理工作中的经验总结对监理工作品质的衡量进行了论述，应该还有更多能体现监理工作品质的内容没有包含进去，有待后期增补，但是论述的核心是要将监理工作的品质进行独立的评价，不应受外界种种影响，保持监理工作定力，只要在监理咨询工作中认真履职履责了就应该评价为好的监理工程师。

参考文献：

[1] 中国建设监理协会.建设工程监理规范GB/T 50319—2013应用指南. 中国建筑工业出版社,2013.7.

[2] 辛涛, 张雯静, 李雪燕.增值性评价的回顾与前瞻.中国教育学刊. 2009（4）.

对工程建设与管理中腐败现象的剖析与对策

河北富士工程咨询有限公司　王运峰

一、引言

在工程建设如火如荼的同时，腐败也从不同方面“粉墨登场”，逐渐向各个角落、各个阶段、各个阶层渗透。由于利益的诱惑，滥用职权、以权谋私、行贿受贿、不合理扩大投资、偷工减料等腐败现象也滋生成长起来。程序过场上的像模像样与实体内容上的弄虚作假如影随形，使得工程招投标制度在某些方面衍变成徇私舞弊、无视法律、漠视责任、缺少公允、丢失诚信，造成了危害。为规范工程建设与管理行为，加强建设投资管理，提高建设资金使用效益，确保工程质量，并保证稽查工作客观、公正、高效开展，有效预防工程建设领域腐败现象发生，确保工程建设规范稳定运作，建设投入安全有效运行。

二、工程建设与管理中腐败现象的具体表现

（一）立项环节

不跑不送，项目没份；光跑不送，项目待定；又跑又送，项目搞定。“送只兔子牵只羊”，可见项目争跑中的利益链条。

（二）招标环节

a. 场外运作，规避招标。在政府规定的招标标准之下，采取化整为零的办法，或以应急工程等理由要求进行直接发包或邀请招标，规避公开招标。

b. 暗中串通，轮流投标。一些施工企业暗中约定，轮流投标、陪标，以至于开标时出现只有一家标书与标底相近，得以中标。

c. 丧失原则，定向评标。有的评标专家在评标时收人好处，对那些业绩显著、信誉良好的投标单位打低分，实行定向评标，将工程项目给有关系的施工企业承建。

d. 行政干预，定向招标。个别领导利用手中的权力，为参与投标企业说情，或在设置投标条件和范围、选择投标单位等方面“量身定做”。

e. 围标、串标或招标单位内定中标人。一些投标企业相互串通，对潜在投标人进行排挤，或内定中标单位，由下级运作招标投标程序，找人陪标。

f. 招标代理机构违规运作，徇私舞弊。招标代理机构为了承揽业务，挂靠他人资质以及与投标人串通一气，帮助串标、围标。

（三）监理环节

a. 监理公司承揽一项工程监理项目后，随即把监理专业人员、职责范围以及规章制度报给甲方，而实际投入项目的人员除了少数固定外，其余人员（包括总监）都是兼职。监理成了“巡监”，工程成了“代监”。

b. 监理的基本职责是“四控、两管、一协调”，而实际上遇见困难“弯弯转”，碰上问题“踢皮球”，最后把问题推给建设方。

c. 对于本应由监理审核认定的工程进度报量和现场签证，监理却原封不动照抄照转，反正活由乙方干，钱由甲方出，两边都能交代过去就行了。

（四）施工环节

a. 层层转包，从中牟利。有的资质高的施工企业“亮相”参加投标，中标后再将工程给资质低一级的挂靠施工企业承包，成为“一级企业中标，二级企业进场，三级企业管理，包工头带人干活”的怪现象。

b. 设计变更，虚报工程量。有的施工单位与监理单位相互串通，寻求设计变更，从而虚报工程量。

c. 不按中标价签订合同，以及“小合同、大结算”。个别投标企业为了中标，压低投标价格进行投标，中标以后再串通发包人不按照中标价签订合同，私自变更设计，提高工程造价。

三、工程建设与管理中腐败现象的原因分析

（一）在立项审批环节缺乏强有力的监督制约机制。一方面一些地方为了积极争取建设项目，纷纷找关系、托熟人、送土特产，甚至送红包。受贿人思想放松警惕，收起来还心安理得。另一方面在项目的立项审批及投资安排上，缺少严格的细化操作机制，给主要领导或审批人员的操作空间较大，存在上级监督太远，同级监督太软，导致监督乏力，从而滋生了腐败。

（二）在项目建设上由大化小，规避招标。在工程建设招投标过程中，按照工程建设的规定，必须进行招投标建设的项目，有的法人单位往往将大项目分解成若干小项目，或以部分工程项目进行招标。有的由法人单位指定专人建设，进行暗箱操作，明标暗陪依然存在，执法不到位、有法不依现象仍时有发生。

（三）在监理制度的执行上，建设方与施工方串通，监理形同虚设，制度苍白无力。况且有的监理公司责任不强，诚信缺失，不履行合同。一些监理工程师存在“人情”“得过且过”，有的完全失去监督作用。

（四）建设单位在工程建设项目管理上故意打埋伏，常以种种理由从建设项目的内容、标准、规模方面擅自更改，从而提高工程造价。

（五）在工程项目实施完后，故意拖欠工程款，导致施工单位为了尽早得到应得的工程款而找有关单位负责人说情、送礼。

（六）在大型建设项目的组织上，享有较大权力的临时性机构，如建设工程指挥部等，多数是兼职，在人员管理上比较松散。同时，由于其临时性特点，在内部管理运作方面多处于无章可循或有章难循状态。此外，临时性机构大多不具有独立的法人资格，业主负责制和党风廉政建设责任制在这些单位很难落到实处，这给腐败者创造了有机可乘的机会。

（七）监管不力是工程建设与管理上存在的漏洞。从工程建设与管理中发生的职务犯罪看，多是法人单位负责人与施工单位负责人共同实施的活动，管理人员不正确履行职责，如收方验方、工程质量、机器设备、材料把关等方面不能严格要求。

（八）一些投标人中标后，层层转包或违法分包，使一些不够资质的施工队为揽到生意，不惜重金贿赂中标人。有的工程转包、分包多达三四次，工程投资“层层剥皮”，工程质量存在严重缺陷。

四、规避工程建设与管理中腐败现象的对策

（一）强化廉政教育，构筑思想道德防线

a. 强化教育对象和内容的针对性。对业主、设计、监理、施工等方面，重点开展党性观念、法制意识、职业道德和诚信等方面的教育。

b. 强化教育形式的多样性。适时把握干部职工的思想脉搏，帮助和鼓励每个干部职工通过正当的途径充分实现其自身价值。

c. 强化教育结果的有效性。大力宣传勤政廉政、干净干事的先进典型，充分发挥反面典型案例的教育警示作用，教育党员干部从中吸取教训。

（二）加强体制改革，科学配置权力

在工程立项审批环节，要制定出可操作性强，避免权力集中化的管理制度，进一步强化集体决策机制，充分发挥监督制约作用。并要明确职务权限，加强权力制约，健全建设项目立项的前置审查

制度，防止决策的随意性和出现重大决策失误。

（三）严格实行工程招投标制度

在规范招投标方面，制定出台工程施工、监理、设备采购、招标文件及合同示范文本、评标专家管理办法等制度。建立不良行为记录公示制度及设置黑名单制，对建设市场严重违规行为在网站上进行公示，并作出建设市场准入限制。

（四）切实加强中标工程的后续监管

a. 针对转包、分包、挂靠严重的问题，应当从严落实中标项目管理班子的职责，遏制投标承诺与施工现场两层皮的现象。

b. 纪检、监察等机关部门要加强联合，设立举报箱，鼓励群众对施工企业在招投标过程中的违规操作进行举报。对在招投标过程中“陪标”“补手续”的施工企业实行严厉经济处罚，对违法情节严重的建设单位、施工企业要依法严惩。

c. 针对恶性低价抢标的问题，应当设置合理的拦标价，对投标价明显低于工程成本的投标人坚决不予中标，对低价中标的项目实施重点监管，既不允许随意变更合同价格，又要确保工程质量、安全和文明施工。

d. 针对施工过程中随意变更设计的问题，应当规范相关程序和手续，严格按规划设计控制工程建设投资。

（五）严格规范监理制度

监理单位及人员要依法履行监理职责，对质量、进度、投资和安全方面实施控制。要解决监理市场存在的监理人员“不能、不敢、不愿”尽职履责的问题，真正让监理和监理工作在工程建设中发挥其应有的作用。

（六）完善信息网络，加强诚信建设

建立和完善失信惩戒机制，将投标单位的信用状况与其投标工作挂钩，引导信用好的企业多中标，使不守信用的企业得到制裁。工程建设市场各主体，应增强法制观念，提高诚信意识，规范自身行为。

（七）严格工程建设中的财务管理制度

对工程财务实行专项监督，每支出一分钱，必须由监理签字，钱在业主、权在监理、管在审计，层层把好工程建设中资金使用关。定期开展对建设资金的使用情况的监督检查和开展工程中间、竣工审计。健全资金计划安排制度，规范资金安排程序，完善资金管理制度，提高资金使用效益。

（八）建立工程廉政监督机制

行政主管部门通过与项目建设单位签订党风廉政责任书、廉洁从政承诺书等，明确建设单位廉政责任。对施工和监理单位，在签订建设合同的同时，签订廉政合同。

（九）加强与部门的联系合作

检察机关应加强对重大工程建设的专项跟踪预防，严厉打击在工程建设中的职务犯罪行为，做到问题早发现，把各种腐败现象消灭在萌芽状态。

（十）强化对工程的执法监察

加强对《中华人民共和国招标投标法》《中华人民共和国行政监察法》以及重要法律法规和相关规章制度贯彻执行情况的监督检查，推进依法行政。着重对征地拆迁、招标投标、工程质量、资金管理、物资采供、工程款拨付、设计变更等环节进行全程监督，切实做到权力运行到哪里，监督就延伸到哪里，有力地促进工程建设和管理的制度化、规范化和法制化。

五、结语

有效预防和遏制工程建设与管理中的腐败现象的产生，关键是构筑工程建设领域防腐保廉体系，创新预防体制机制，加大制度创新力度，从源头上防治工程建设领域腐败。紧紧抓住机制这个根本，立足改革、促进发展、未雨绸缪、预防在先，创造一个规范有序的工程建设与管理的安全环境。建立以项目法人制、招标投标制、建设监理制、合同管理制为核心，以组织领导、计划管理、资金管理、质量保证、工程监理、工程验收等体系建设为保障的建管机制。不断地对工程建设与管理进行巡查、稽核及全程跟踪监督，确保各项工程建设高标准、高质量、高效率建成，做到项目安全、工程安全、资金安全、干部安全。

浅析监理企业转型过程中的安全管理

四川二滩国际工程咨询有限责任公司　杨洪

摘　要：在监理企业转型过程中，安全管理体制的构建是其主要的改革内容之一。作者从监理企业安全管理的现状提出相应安全管理转型理论，从转型面临的实际挑战提出具体的改善方案和措施。以监理企业转型企业安全管理作为分析和研究对象，以期提供相应的解决思路。

关键词：监理企业转型　安全管理　解决思路

近年来，全国各地企业重特大安全事故频繁发生。从昆山“8.2”粉尘爆炸事故到“12.20”深圳渣土受纳场“8.2”特别重大滑坡事故；从“8.12”天津港瑞海企业危险品仓库特别重大火灾爆炸事故到“5.8”福建泰宁泥石流自然灾害事故。安全事故的频繁发生给人民生命和国家财产带来巨大损失，进而对国家的经济建设和社会稳定造成严重影响。以习近平总书记为首的党中央关于安全生产发表了一系列重要指示，对全面加强安全生产工作提出明确要求。因此，在企业转型过程中，如何针对转型企业管理制度上的薄弱环节，弥补甚至构建新的监理企业安全管理体制，以最大限度降低安全风险，仍是摆在安全管理人员面前的重要议题。

一、监理企业安全管理现状分析

（一）监理企业自身安全管理现状

1. 安全管理认识不到位，动力不足

目前，大多数监理企业对自身安全管理的认识不到位，片面地理解相关法律法规的相关内容。如新《安全生产法》中明确了企业的安全生产保障；《电力建设工程施工安全监督管理办法》对监理企业的安全责任有明确表示（第三十四条，监理单位应当建立健全安全监理工作制度，编制含有安全监理内容的监理规划和监理实施细则，明确监理人员安全职责以及相关工作安全监理措施和目标），但个别监理单位也仅仅是编写制度，应付检查。

由于认识的不到位，也导致绝大多数监理企业出现强调监理新增合同、强调经营活动中的硬性利润指标，而忽视安全生产隐形效益的趋势。部分监理企业盲目抓经营、争效益，在安全管理中忽视管理、忽视人的因素，忽视健全的约束机制，将制度写在纸上、挂在墙上，由此造成许多不良后果。

正是在这样一种思想的引导下，部分企业为了追求短期效益，撤销或兼并了原有的安全管理机构，甚至出现取消专职安全管理人员等的情况，使安全管理的主体力量日渐削弱。

2. 安全管理职责不明确，安全培训流于形式

“安全管理是安全管理部门及安全管理人员的事情，与我无关”。长期以来的管理错位，导致监理企业自身管理各部门形成思维定式。根据新《安全生产法》第二十二条，明确了安全生产管理机构和安全生产管理人员的职责，即监督职责而非实施职责。但一遇安全问题，各职能部门均相互推脱，不予履责。

在国家对安全管理越发重视的今天，个别监理单位安全培训仍然流于形式。在企业实行自主管理之后，监理企业的用人、用工制度自行解决。这也造成了当前监理企业安全管理被削弱的一个重要因素。由于过分追求经营利益最大化，监理企业短时间内项目大量增多，不得不增加劳务派遣人员，导致安全管理技术人员的结构性矛盾突出。大部分未经安全培训的劳务派遣人员仓促上岗。甚至在各级部门组织的监理安全培训，也有个别监理单位为了应付各级安全检查和资格审查，让人代训，找人代考的情况屡屡出现。

3. 安全要求逐渐增多，人手渐少的单位，安全管理人员疲于应付

随着我国经济体制改革的不断深入和经济社会的快速发展，越来越多的企业通过改制吸收、兼并重组、产业整合等方式，不断形成大型企业集团。形成集团后，集团内各级安全管理部门在对待国家安全管理要求时，为摆脱个人甚至部门职责，将同一文件、同一要求，层层转发。下属单位安全管理人员疲于应付上级要求，完全没有精力深入思考自身存在的实际安全管理问题。来文即转，不分主次，仅仅是要求到位、摆脱责任，而非组织到位、措施到位、落实到位。

（二）实施监理过程中安全管理现状

1. 项目监理机构安全管理现状

项目监理机构安全管理主要依赖于项目上安全管理人员的个人水平。如前所述，由于监理安全管理人员的结构性矛盾，导致项目安全管控的水平参差不齐。安全管理水平高的，基本能按照国家法律法规要求完成相应的安全管理内业资料整理和检查到位，达到安全管理基本要求，应对检查；安全管理水平低的，各种内业资料尚不能完善，更谈不上管控中的本质安全。各项目安全管理人员基本被动接受上级单位的安全要求，做资料应付了事，无法形成真正安全管控的合力。

2. 项目监理实施过程中安全管理现状

项目监理实施过程中，绝大部分项目监理机构能按照国家法律法规和强制性标准实施监理。但在监理过程中，一方面，个别监理单位由于现场安全管理者非专职安全管理人员，安全专业知识的缺乏，对大型起重机械、脚手架、跨越架、施工用电、施工设施的安全检查签证也流于形式。另一方面，由于安全管理人员较少，对关键部位、关键工序、特殊作业和危险性作业的旁站监理也落实较少。监理实施过程中，仅能依靠现场其他专业监理人员代为管理，专业性指导缺乏。这也直接导致项目监理机构的安全管理完全受制于所辖承包人自身的安全管控。而所辖承包人受自身利益的驱动，安全管理基本靠运气进行管理。

二、监理企业安全管理转型理论

（一）监理企业的转型

当前，为了适应改革的步伐，进一步实现由计划经济向市场经济的转折，原有的国有企业向股份制企业转化，我国经济体制已经由之前的计划经济模式向市场经济体制过渡和转型。经济体制上发生的变革要求企业在经营机制等多方面也相应实现转换，以使传统的国有企业从计划经济体制的桎梏中解脱出来，稳步走向市场经济。而监理企业的转型升级，更是从以前的看重监理进度控制转变成为以看重监理安全及环、水、保管控的层次上来。现在的业主单位对监理服务的质量提出了更高的要求。如在招标阶段，看重投标文件中，监理的前瞻性、专业性服务水平（包括安全管控的创新和环、水、保管控的优化等）；在实施阶段，看重监理单位的服务态度和服务质量（包括为项目甲、乙双方提供的合同斡旋，以及对现场方案的建设性意见等）。

（二）监理企业的安全管理转型

由于安全管理工作在企业管理中占据着重要的地位，因此，企业经营机制的转型必然要求安全管理也要作出相应的调整。但在现实实践中，转型企业并未建立起一套与市场经济相适应的安全管理机制，正是由于体制的空缺和制度的匮乏，从而导致现阶段的企业安全管理工作处于一个事故多发的时期。在现阶段安全生产形势十分严峻的情况下，处于转型时期的企业急需一套既与未来完善的市场经济体制相适应，又能切实解决当前面临的诸多问题的安全管理新机制。

（三）现有企业安全管理转型模式解读

现在不少转型企业都从理论上、在实践中为本企业的安全管理寻找新的变革和方向。主要有增加企业安全管理专职人员、在生产过程中加强设备安全的更新、在安全管理中创新安全技术等几种转型模式。但人员和设备的增加势必导致费用的急剧增加，虽然企业认识到了“人、机”的重要性，可这与市场化的机制相违背，有可能与其他工作产生冲突，势必不是长远之计；而安全管理中的创新安全技术却忽视了管理方式的稳定性，导致可能年年创新、次次废弃，可能短时间提高了安全意识，但对真正提高管理人员的安全技能并无多大益处。

（四）安全管理转型理论

因此，从上述分析情况可以看出，上述种种思路都各有优点，又各有局限。如何综合资金、技术、方法、人员等各种模式来发挥其整合效应。真正完善监理转型过程中的安全管理呢？笔者认为，有四个方面：顶层设计（制度创新）、流程再造、平台集成、文化提升。

二、完善监理企业安全管理转型的思路和措施

（一）顶层设计（制度创新）

从新《安全生产法》来看，国家已经迈出了重要的一步。即要做好安全生产工作，落实生产经营单位的主体责任是根本、职工参与是基础、政府监管是关键、行业自律是发展方向、社会监督是实现预防和减少生产安全事故目标的保障。作为转型阶段的监理企业来说，以顶层策划健全优化安全管理模式、理清监理企业各部门监管职责定位、诊断企业安全监管模式、策划设计组织架构、对管理制度进行创新是关键中的关键。

1. 监理企业负责人与安全管理利益上挂钩

监理企业负责人或项目监理机构负责人，要真正贯彻法人负责制，其关键是建立一种监理企业负责人或项目监理机构负责人在安全管理上的利益先期支付制度。

2. 监理项目机构实行安全管理承包制

实行逐级安全承包，将安全生产责任制落实到生产岗位和个人，用承包合同将“责、权、利”固定下来。

3. 建立全员风险金制度

推行全员安全生产风险资金抵押，让人人有压力、有动力去推进监理企业的安全管理。

4. 建立安全生产奖励基金或安全生产专项奖励基金

建立安全生产奖励基金或安全生产专项奖励基金，鼓励安全生产的先进集体和个人。如在项目监理管理取得阶段性完工后进行安全生产奖励基金奖励；重特大项目隐患的安全管理中进行专项奖励基金奖励。

（二）流程再造

以制度体系规范安全管理流程，从集团安全生产基本规定为统领，以安全生产责任制、考核与奖惩、教育和培训、安全生产投入保障、事故报告与处理、应急管理等专项制度为支撑，构建监理企业安全管理的制度体系，实现整个监理企业甚至项目监理机构的安全管理的规范化和标准化。

（三）平台集成

随着新一代信息技术和创新 2.0 的交互与发展，人们生活方式、工作方式、组织方式、社会形态正在发生深刻变革，产业、政府、社会、民主、治理城市等领域的建设应该把握这种趋势，推动企业 2.0、政府 2.0、社会 2.0、合作民主、智慧城市等新

形态的演进和发展。如何将移动互联网与监理企业的安全工作有机结合？如何利用“互联网+”实现监理安全管控成为监理创新工作新的研究方向。建立监理安全管控APP，充分利用现有监理人员的移动终端，解决目前安全管理人员较少的问题。将现场管控随机信息适时传递，以图文并茂的方式反映现场安全工作，并对所产生的问题进行自行记录，录入数据库。利用数据库形成大数据解决方案，反馈至现场监理人员，以解决专业安全管理人员较少的问题，同时由于大数据的优化处理，以数据库中的安全管理技术指导现场人员解决安全管理专业技术问题。实现解决问题的及时性和可追溯性，提高监理服务质量。

（四）文化提升

当一个监理企业进行转型发展时，它的价值取向、经营理念等都会发生相应的改变，这就要求作为企业文化有机组成部分的安全文化也要随之发生改变，进行安全文化的再塑造。以文化促安全，打造安全管理的监理品牌。在监理企业总部及项目监理结构长期推进安全文化建设，在内形成一种氛围，一种感召力，使进入监理企业或项目监理机构的监理人员，无论能力强弱，个性、经历如何，都会自觉接受安全文化的熏陶，增强自身安全素质，约束不良行为，从而达到预防和制止安全事故发生的目的。

安全文化的根本问题在于安全理念的确立和企业价值排序的准则。在企业发展的诸多要素当中，谁为先、谁为后？怎样才能摆正，这是安全文化的重大问题。要做到这一点首先必须做到四个转变；第一个转变是在监理企业发展的宗旨上，要以物本崇拜转变为人本至上。第二个转变是监理企业发展的目的，要从利润崇拜转变为生命至上。第三个转变是管理要从经验崇拜转变为规范至上。第四个转变是管理的关键决策应从权力崇拜转变为科学至上。其次，转型监理企业在安全文化再塑造过程中要充分发挥工会和党团组织的作用。做到坚持和完善民主管理，营造建设安全文化政通人和的发展氛围。要通过职代会这一有效形式，使广大员工的意愿在企业安全决策和创建安全文化中得到较好的体现。做到坚持依法维权，切实保护广大员工的物质利益和鼓励员工工作积极性。在建设安全企业的过程中，各种矛盾和问题是难免的。工会组织必须按照市场经济的要求，依照《劳动法》，在企业内努力推进集体合同和劳动合同制度的建设和落实，按照合同条款规定维护好广大员工的合法权益。做到用安全文化的力量凝聚队伍，激励员工奋发向上。特别是在企业安全生产经营遇到大的困难的时候、员工队伍出现大的情绪波动的时候，更需要文化的力量来支撑，使员工忠诚企业，并与之同舟共济，战胜前进中的困难。

四、结论

监理安全管理的任务主要是贯彻落实安全生产方针政策，督促施工单位按照建筑施工安全生产法规和标准组织施工，消除施工中的冒险性、盲目性和随意性，落实各项安全技术措施，有效地杜绝各类安全隐患，杜绝、控制和减少各类伤亡事故，实现安全生产。从以上分析来看，要在监理企业转型升级过程中加强安全管理，就必须从顶层设计（制度创新）上解决目前监理机构的人的问题，也就是以人为本的激励机制创新；从流程再造的过程中形成各监理机构安全管理的规范化和标准化模块，解决层层管理、层层脱节的问题；从平台集成上解决监理企业市场化中的成本问题；从文化提升中解决安全理念问题。只有这样才能解决目前及今后监理企业转型过程中的安全矛盾，有效和减少安全事故的发生。

参考文献：

[1] 高程德，张国有．企业管理（修订本）．企业管理出版社 1996．
[2] 梁立峰．建筑工程安全生产管理及安全事故预防[J]．广东建材，2011(2)：103-105．
[3] 邓思聪．建筑工程安全生产管理[J]．价值工程，2011(2)：86．
[4] 陈春秀．建筑工程施工中的安全管理[J]．科技资讯，2011(4)：157．
[5] 张新华．浅析建筑工程施工安全管理[J]．中华民居：学术刊，2011(7X)：55-56．
[6] 姚勇．浅谈新时期如何加强建筑工程安全监督管理[J]．大陆桥视野，2011(12)：33-34．

对我国工程监理应科学分析和评价

湖南省建设监理协会　屠名瑚

目前工程监理行业转型升级发展和推行全过程工程咨询试点如火如荼，与此同时行业内再次出现对工程监理制度的讨论和评价，不仅体现出大家对工程监理的关心，有利于行业的健康持续发展，更关系到我国工程建设未来管理模式的取向，直接影响建设项目方案优选决策、工程质量、投资效益和国家财产及人民生命安全的百年大计。为此，鄙人也发表一点自己对工程监理价值的肤浅看法。

一、实施工程监理违背初心，但作用和意义非凡

“我国建设监理30年来发展之路是走偏了，有违初心”。我完全赞同，鄙人曾在《工程监理制应长期不动摇》一文中就表明了类似观念，文中还用了“歪打正着”一词，通过几十年的实践对比当时的初衷，认为有违“初心”的结论是对的，进一步分析和评价认为“歪打正着”也是对的。原因是西方发达国家和我国建筑业的国情（行情）有别，西方发达国家的法律、标准、诚信等比较成熟和完善，而我国当时相对欠缺（甚至现在也是），如曾经有一个项目曾发生七次转包现象，因此中国急需的是如何有效保证大量工程建设项目质量和安全生产的监管模式，我国的工程监理模式虽然没有如国际工程咨询一样充分发挥出工程咨询功能，但起到了为保证工程建设项目质量和安全生产监管的作用，几十年来工程监理发挥了何等作用，我在《工程监理制应长期不动摇》中用大量的数据和案例加以了论证。工程监理制度的初心改变可以用“有心栽花花不成，无心插柳柳成荫”来比喻几十年工程监理成果，我们今天讨论“有违初心”需要用辩证唯物主义的观点去总结和剖析，我们不仅评价当时的初衷发生了变化，还要评价改变初心后产生了怎样的结果，甚至将按照当时初衷的理念虚拟演示它的结果跟实质改变后的结果来进行对比，用数据说话，权衡利弊，不能用“形同虚设”否定一切。恕我直言，当时如果按照西方的工程咨询之路走下去（非强制），工程咨询不知道发展到何种程度，未必取得目前工程质量和安全生产的稳定局面。因此，我始终认为实施了几十年的工程监理其作用和意义是非凡的，我不赞成一味或简单地强调走了样，而是要研究我们的国情需要怎样的建设管理（咨询）模式。

二、全过程工程咨询和工程监理共存更适合我国国情

根据我国工程建设行情，我认为工程监理是雪中送炭，工程咨询是锦上添花。随着我国工程建设法律的健全、诚信体系的建设、市场秩序的规范，应逐步实现从工程监理过渡到工程咨询，就目前阶段工程监理是项目建设的本，切勿急于求成取消工程监理的强制规定。

结合国情选择制度和创新发展是我国改革开放几十年来最宝贵的经验，其宝贵经验完全可用于

工程建设，我们对发达国家的工程咨询模式应用辩证的办法去研究和学习，在当前情势下照搬不一定取得西方的同等效果，因为在我国影响工程建设管理（咨询）的各种因素与发达国家完全不一样，这是不争的事实。我们应有选择性地吸取对我们有价值的成分，同时也要将工程监理取得的有效经验传承并发扬，现在普遍认为工程监理的功能仅解决了工程质量和安全生产的问题，这恰恰解决了我国工程建设中的主要问题，有什么比这两个问题更重要？当然，工程监理的确在其他方面没有充分发挥作用，也不全尽如人意，但我们不能因噎废食，发现工程监理有不足之处就全盘否定，而应逐步改进，一位领导曾说过“工程监理的问题在于监管”。否则我们既学不到西方的模式，又制约了我们的创新发展。中国经济的快速发展已经证明，我们不能仅仅跟着别人走，而是结合自己的国情在借鉴的基础上创新发展，才能取得今天举世瞩目的非凡成就。在《工程监理制应长期不动摇》中我也曾说过：“人家有的我们要有，人家没有的我们也有”，在现阶段为什么工程咨询和建设监理不能共存呢？两条腿同时走路，一方面在建设全过程工程中，使用技术性咨询和服务性管理，提高项目科学决策度和投资效益，解决了工程监理功能不全面的问题；另一方面在项目建设关键的施工阶段，发挥过程控制和微观监督管理的作用，确保工程质量、社会财产和人民生命安全，使其成为我国工程建设咨询或管理的中国特色。

三、应促进我国工程建设管理（咨询）统一局面

西方发达国家对工程咨询和项目管理有明确的定义。工程咨询是无边和无度的，只要市场有需求，咨询单位有能力，双方可达成任何协议。项目管理不同，是有边和有序的，它必须按规范进行。而我们国家在理论和管理上存在非常复杂和不统一的局面，“工程监理”“工程代建”“项目管理”“项目管理与工程监理一体化”“全过程工程咨询”“造价咨询”，我相信今后还可能会出现其他的名字和概念，而奇怪的是除了工程监理和工程代建有比较明确的定义外，其他的都没有或不全面，今天提出的“全过程工程咨询”包括了“咨询”和“管理”，也没有明确咨询干什么、管理干什么。我们的理论将功能、方式和内容混淆，同一功能模式有不同的名字。如“项目管理（PM）”与“工程代建”有何实际区别？还把监督的职能加入到管理职能的工程监理中去。顶层设计和理论不统一、不完善、不理顺，何来实施效果？这些应值得相关部门和机构研究、解决。

我国项目建设管理职能、机构、监管方法等更不统一。工程监理 14 大类别，分别由 13 个部委、行业分别管理，后来相关政府主管和行业部门竟从法律规定的 14 大类行业中分离出一部分独立开展工程监理和监管，传统的所谓工程咨询和工程代建由发展和改革委员会管理，今天管理全过程工程咨询的部门更多。

缺乏系统理论、技术标准、多头管理等才是影响工程建设管理（咨询）健康发展的关键因素。我国工程建设管理（咨询）行业需要形成法律统一、理论统一、政策统一、管理统一等的局面。

四、坚决落实国办 19 号文件精神

国务院办公室 19 号文中明确指出，鼓励有条件的企业开展全过程工程咨询试点，根本没有提及取消工程监理。况且全过程工程咨询试点活动，正常的理解应为通过试点，根据试点情况再做下一步决策，对全过程工程咨询应有一个结论。试点工作还未全面开展和结束之际就贸然开始讨论回归初心和取消工程监理强制性，将对工程质量的稳定和工程监理的发展产生负面影响，当务之急应是考虑如何完成全过程工程咨询体系的建设问题，用工程咨询弥补工程监理的不足，工程咨询试点活动有许多工作在等待政府、行业协会、专家学者、企业共同努力完成，这样才能确保全过程工程咨询试点工作圆满完成。

五、对取消工程监理的后果需三思

一思：根据相关文件精神，开展全过程工程咨询是与国际接轨，提供建设项目决策科学性和投资效益，服务于“一带一路”战略。施工阶段工程监理的功能主要有三，一是咨询，二是项目管理，三是实施微观和过程监管。它们的功能既有重叠又有区别，在我们国家经济模式多元化的时代，对工程管理（咨询）既有业主的需求又有国家或社会的需求，采取任何一种单一模式都不能很好或全面满足市场和社会的需求。

二思：我们要研究服务对象和主要市场。毫无疑问工程建设管理（咨询）的对象和主要市场都在国内，国内的情况与国际情况在短期内根本不可能达到一致，甚至由于文化的不同永远无法相同，在国情不同的情况下为什么必须按国外的套路实施呢？难道我们不能用国内的办法解决国内的问题，用国际的办法解决国际的问题？如日本国内生产的汽车分别有国内、欧美、亚非三个不同的质量标准。我们选择具有实力的企业开展全过程工程咨询，弥补了建设监理的不足，形成工程建设管理（咨询）多层次的结构，既满足国内的部分需求，又能服务于“一带一路”战略，让工程监理在国内继续发挥不可替代的作用，为国内外服务对象提供更多的选择模式。

三思：取消工程监理后果不堪设想。在缺乏统一管理、技术标准等规范性文件的情况下，推行全过程工程咨询一定比工程监理的推行困难更大，在不能强制的情况下开展全过程工程咨询，必定导致全过程工程咨询对象有自愿选择的局限性，期盼所有业主都自愿接受全过程工程咨询模式其路遥兮。此时如将工程监理强制性制度取消，我国项目建设将回到20世纪80年代改革前的管理模式，建设单位自主建设、自主管理，经三十年到达的河西又回到河东，岂不悲哉。

结束语

我国的工程监理虽然存在瑕疵，但承担了我国建筑业改革开放和大建设时期的历史重任，几十万工程监理儿女是建筑领域的监管中坚生力军，他们不负历史使命、忍气吞声、默默奉献，为确保建设工程质量、国家财产和人民生命安全付出了心血和汗水，为保证全国人民安居乐业而牺牲了小家的幸福。目前至一定时期内国家仍然需要他们，我们一定善待他们、善待工程监理制度。工程监理也许有一天会退出历史舞台，但绝不是今天。只有工程监理在稳固发展中升级，与未来的全过程工程咨询并驾齐驱，方可圆梦！

浅谈监理企业队伍建设与人才培养

京兴国际工程管理有限公司　刘禹岐

任何一个企业的发展，都离不开人，并且是适合企业发展的人员。作为监理企业有自己对人才的策划管理培养总目标：广纳现在，着眼未来，不断跟上时代的发展脚步。时易时而事易事，任何事情都是不断变化的，今天和明天是不一样的，这一秒与上一秒是不一样的，过去就是过去，现在就是现在。不只是时间，包括我们身边的任何一件事，都在不停地变化，发生、发展、衰老、结束。人的认识和学识也是这样，知识在不停地更新和前进，人类社会在不停地发展，科技日新月异，人不能不改变自己。只有改变、开创的创新思维，才能适应当代社会的发展变化。社会如此，人如此，一个优秀的企业更理应如此，树立愿景开创创新。企业的变化不光是硬件的变化，软件人才的变化、高级人才的加入及普通人员的素质提高是关键。下面就监理队伍建设与人才培养谈几点看法。

一、监理企业的现状

现阶段中国的监理企业人才状况。就目前分析，从事监理行业的人员，按照不同方式分类有以下几种：（1）文凭。建筑工程专科院校毕业生；土木工程本科院校毕业生；相关专业硕士毕业生（非常少）；还有一部分转行人员。（2）经验。长年从事建筑的退休人员；刚刚毕业的学生；从事2～3年的毕业生。（3）注册。全国注册监理工程师；有培训上岗证人员；没有培训上岗证的人员。以上是目前从事监理工作的人员情况。

从监理项目部人员组成情况来看，一般项目部都是有一名总监理工程师（全国注册监理工程师），一名总监理工程师代表，2～3名经省级培训具有上岗证的专业监理人员组成。监理项目部人员，国家按建筑面积规定配备各种人员数量。但多数监理企业不能按照国家规定配备相关人员。一般监理项目部大约5～6名监理人员，有的更少，仅两名监理人员或一名监理人员。大部分具体监理工作由总监理工程师代表及专业监理工程师负责完成。如果总监理工程师不常驻工地现场，总监理工程师代表及专业监理工程师的素质的高低、技术素养的高低，就决定了一个项目监理部业务管理水平。

二、监理队伍的建设

（一）监理人员的择优选择。人是这支队伍的核心，人员的组成和素质是决定队伍水平的关键因素，我们应从人员的择优选择入手。就工程监理主要业务而言，工程监理业务和行业属于智能型的技术咨询服务。监理人员工作不是单纯机械地重复，每天面对不同的场地环境，参差不齐的施工和管理人员，首先要有过硬的技术和良好的职业道德；过硬的技术包括：具有大专以上学历、熟悉工程设计的基本知识、熟悉工程地基处理和地质勘查相关知识、熟悉一定的施工技能、熟悉建筑材料相关知识、熟悉现行的施工规范规程和验收规范规程、具备一定的协调能力；其次要有审时度势的头脑，腿勤、手勤，监理人员只有熟悉工地现场，才能有的放矢地进行预控、管理；再次要有坚持立场的原则和综合协调的能力，发现隐患，立即要求施工单位进行整改，对整改不到位的坚决不准进入下道工序。基于以上几点，监理人员的选择比较困难。

（二）建立科学的管理制度和激励机制。先进的、科学的管理制度是一个企业在竞争中立于不败之地的基本保证。目前在我国，由于多方面原因造成的实际状况是监理责任大、待遇低、无职业自豪感，给管理工作带来很大难度，即使这样，我们也应从以下几方面抓好工作。首先，要不断完善管理制度，并使之有效运行，各级各类人员要职责明确，分工合理，保证企业和团队的正常运转。在此基础上，建议实行培训考核制度。有培训，就有考核，作为企业的一项基本制度，必须贯彻始终。这也是企业管理制度当中的一项基本制度。就像全过程工程质量管理当中的PDCA，计划、执行、检查、行动。考核就是检查培训的结果。如结果不行，下一步如何改进，以便形成循环。其次，合理组织监理人员，优势互补，达到人员的有效利用。一个公司所有人员不可能都是多面手，各方面都很强，要根据监理工程专业特点的不同，对监理人员进行合理配置，进行优化组合，实现优劣互补，达到监理人员素质整体优化、监理人力资源有效利用。

（三）提高和稳定监理人员的待遇。目前我国监理行业的待遇较其他行业还是比较低，还有一些一线监理人员甚至没有“五险一金”，没有特殊环境补贴，没有意外伤害保险。而监理人员工作环境比较艰苦、管理难度大、具体工作量逐渐增加：抽检频率提高、资料整理繁重、旁站项目加多、监理责任加大，而工资待遇没有变化，造成监理人员的无序流动，不利于监理队伍建设。

（四）监理队伍的职业道德建设。职业道德建设应以忠诚为本，以企业利益为根，以集体发展为源，去开展教育。具体形式可采取集中培训、会议讲话、案例学习、例会宣传等多种形式进行。主要内容应包括：（1）爱岗敬业。监理人员不仅要把监理工作当成是谋生的手段，更是要把监理工作当成自己的事业，要热爱这项工作，忠实履行监理职责，成为社会的有用之才。（2）诚实守信。诚实守信是监理从业人员应具备的基本素质，监理人员肩负着为工程质量把关的重大责任，在监理工作中做到诚实守信，摈弃一切弄虚作假等恶劣作风，以优质服务和诚实负责的实际行动赢得社会和业主的信任。（3）奉献精神。在我们的监理队伍中要提倡奉献精神，监理工作人员长期在施工现场，工作生活条件比较艰苦，这就要求我们监理人员要具有奉献的精神，能够以特别能战斗、特别能吃苦、特别能忍耐的精神去完成监理工作。职业道德建设工作中，我们要有意识地形成一种氛围，要有带头人，要明确提倡什么、摈弃什么，让监理队伍在潜移默化中形成一种主思路，逐步地贯穿于每一个人的日常行为中。只要我们的监理队伍能吃苦、境界高、肯钻研，就没有胜任不了的监理项目。

三、监理人才的培养与管理

（一）能力的培养。企业人才的培养在企业发展当中占有日益重要的地位，21 世纪的人才短缺将是每个企业所面临的现象，我们的监理企业也不例外，如果没有充足且高素质的人才资源作支撑，将无法适应市场变化的需求。监理人才的培养要有相应的成长环境，这就要求监理企业有爱护人才、重视人才的理念和适宜的工资待遇水平，以及能力升、业绩升、工资升的科学管理办法，有了相应的环境还需要具体方法途径，监理人才的培养最有效的办法是对口专业深造学习，而我们的监理人员又不能长期离岗，只能短期集中培训学习。第一，利用冬休时间聘请知名专家集中面授专业知识，提升监理人员理论知识水平；第二，有计划地开展施工现场直观教学，每项新工程开工前，有针对性地对重难点问题的预控措施进行讨论，实际施工中进行提炼，完成后进行总结，在实践中不断积累；第三，职业道德的培养，除对业务水平培养外，监理人员还要有实事求是的工作态度，严谨务实的工作作风，抵御环境诱惑的坚强心态。职业道德的培养通过案例学习、解剖典型案例，提高他们的责任意识，警钟长鸣，保持清醒头脑。

（二）理念和方法的培养。要有好的监理工作理念和工作方法。首先监理人员必须懂得“严格监理与优质服务”的辩证关系，监理人员在做好“三控两管一协调”的同时，必须按监理规范要求先检查施工单位自检体系的运行情况是否正常运转。自检体系不正常，监理再忙再累也是徒劳。同时监理工作要强调事前监理、主动监理，积极为业主和施工单位提供合理化建议，这样才能赢得业主和施工单位的信任，才能有效开展监理工作。其次要注意协调管理的方式方法，不能急于求成，做思想工作是关键，有时一个公正的表扬胜于千言万语，以我们监理的辛劳和负责的态度感动参建各方，以我们监理实际检测数据、工作效果去征服参建各方。目前我国监理还处于施工阶段监理，在政府相关政策调节下监理应尽早介入勘察阶段、设计阶段，这样能更全面地把控工程建设，更有利于工程建设目标的实现。

（三）培养青年监理人才刻不容缓。监理单位人才培养周期长且很难留住人才，造成年轻监理人从业时间较短便跳出监理行业另谋发展了。利润空间被压缩也导致了监理人员的工资水平低于建筑其他行业的工资水平，监理人收入低、责任重，致使高学历的毕业生不愿从事这个行业，进一步促使监理人才流失严重，这也是造成监理人员素质偏低的因素之一。由于缺乏稳定的人才储备，监理行业技术人才青黄不接，监理工作技术水平也难以提高。

青年是企业新鲜的血液，代表着活力与激情，也代表着一个企业的未来。正所谓，“少年强则国强”。青年自身的无限可能，也将给企业带来无限可能。他们的人生目标、职业目标、抗压能力等职业素养，都需要在职业中得到开发和指导，需要在企业行之有效的激励和培养机制中得到逐步提升，从而为企业发展带来积极的正向互动。这就要求企业，特别是作为肩负重要社会责任的国有企业，积极拓展自身创新意识与人文精神，于青年职业迷茫之际指明方向和给予力量，于生活沮丧之时给予温暖和带来希望，承担起对青年进行全方位培养的重任。

企业发展离不开人才。能否发现人才、培养人才、留住人才并实现人尽其才，是考验企业自身管理能力的重要标尺，也是企业是否能够获得长期发展的重要抓手。将青年的人生成长、职业成长有机融入企业成长之中，让青年人找到动力、找到舞台、实现梦想，是人才与企业共同进步、甚至共同进退的内在动力。解决好这个大课题，才能从根本上构建企业人才培养文化，杜绝人才流失，实现长效发展。

在我国监理行业，大部分企业成立于 20 世纪 90 年代。当时的监理团队主要由设计和施工人员组成，以中年人居多。随着青年监理人员在各监理企业的比重逐渐加大，对青年监理人员的培养也显得越来越迫切。实践中，“千里马常有，而伯乐不常有”“因材施教”这些耳熟能详的话语，着实知易行难。如何实现可操作的、可形成传统的、可循环复制的，避免口号式、空谈式的培养，是值得整个行业深入研究和探讨的重要议题。

青年，是社会可持续发展的原动力，是企业保持长久发展后劲的主力军。对于以人力资源为主的监理企业来说，加强对青年监理人才的培养，是一部必修课，更是提升核心竞争力的关键所在。总的来说，青年监理人员的培养是一个持续的过程，需要用热心、耐心、细心和爱心去浇灌。正如稻盛和夫曾经说过的一句话：人的成就等于思维方式、热情和能力的相乘。青年监理的茁壮成长，离不开企业的努力与开拓，激励与关怀，这是青年职业培养的内生基础。

四、结语

在竞争日益激烈的市场环境下，监理企业要想取得稳步增长的营业收入，必须提升监理服务质量，提高顾客满意度，同时，为业主提供差异化服务。能否提供更好的服务，取决于监理人员的水平和素质，因此，提高监理人员的业务水平和素质是提升监理服务质量的基本保证。

浅谈新时期建筑工程监理公司发展策略

山西省建设监理有限公司 田哲远

摘 要：建筑工程监理行业是新时期保障我国建筑行业平稳发展重要支柱性行业，其发展的基本策略性研究应当引起我们足够的重视。本文从探讨新时期建筑工程监理公司存在的重要意义出发，详细阐述了建筑工程监理公司存在的重要性和重要地位。而后又深入分析了建筑监理公司所具备的工作内容和职责并就现阶段发展中的一些问题所在作了系统的论述分析。最后，针对建筑工程监理公司发展方向和发展战略等相关问题，笔者提出了自己的看法和观点。

关键词：建筑工程 监理公司 内容 职责 现状 问题 发展方向 发展战略

一、新时期建筑工程监理公司存在的重要意义

相关统计资料显示，我国建筑监理行业作为新兴行业的一种在现阶段建筑工程项目建设中的作用越发显得重要起来。要知道，现阶段我国监理制度已然建立并且在不断发展中进行自我完善，监理行业的出现更是对我国工程建设现代化发展起到了极大的促进作用。另外，从这个角度出发，工程监理行业也进一步为我国填补了相关领域的空白。在我国基本政策的大力支持下，目前建筑工程监理行业也有了极速的提升和发展，最直接的表现就是现阶段来看，我国逐步涌现出了大量的具备四个原则的监理公司。这四个原则事实上也是监理公司发展的标准：1. 业务精通；2. 遵守道德；3. 实力出众；4. 公信力强。然而，快速的发展也为监理行业发展带来了一些负面的问题。如何确保新时期我国监理公司正常有序地发展，深入开拓并为打造有中国特色的监理行业发展体系，已然成为我们行业人所共同面对的重要课题。[1]

二、现阶段我国建筑监理公司内容和职责分析

（一）关于新时期我国监理行业主要工作内容分析

根据我国现有的《建筑法》中的相关规定，事实上，在当一个建筑项目开始实施的时候就需要通过建设单位将相应的监理单位的工作相关内容以书面的形式来对专门的施工企业进行下发。当然，这样做的主要目的是便于监理单位更好地开展相关

的工程监管工作。纵观整个监理单位的主要工作过程，笔者认为监理单位所要在项目中进行的工作内容主要有以下几点。

1. 关于建筑工程准备阶段的具体工作内容

在建筑工程项目伊始，建筑监理单位的主要工作内容为协助相关建设单位进行该项目的图纸会审工作并做好相关设计院具体问题的协调工作。[2]特别值得一提的是还要对整个项目所涉及各个单位的资质进行系统性的审核。

2. 关于施工阶段的具体工作内容

在这个阶段，建筑工程监理公司要深入研究整个公司的施工工艺并将文明施工的基本理念贯穿到整个阶段的实施过程当中，事实上，这个阶段的监管是尤为重要的，这是关系到整个工程建设的核心内容所在。

3. 关于工程竣工后验收阶段的主要工作内容

竣工验收历来都是一个需要监理公司花费极大精力的工作环节，在这个阶段中建设单位将会具体的对竣工验收进行组织，监理单位的主要工作内容就是要对建筑单位进行协助并提供相关的质量评估报告。

4. 关于工程质保期间的具体工作内容

在此期间，工程监理公司应当深入分析施工单位的整个施工流程和具体环节，针对工程可能存在的潜在性问题提出必要的建设性意见。

（二）关于新时期监理行业的主要职责分析

我们可以这么理解，从目前来看，监理单位已然成为新时期建筑行业发展中必不可少的组成部分。从这个角度出发，我们在实际的建筑工程管理当中应当深入分析当前我国的岗位职责并为监理行业发展提供相关的研究数据。[3]

笔者从事该方面系统研究工作多年：笔者认为在整个工程建设中监理单位应当履行这样的职责：第一，从实际出发，针对不同项目确定不同的组织结构和工作岗位职责确认，保障好监理工作会议的定期召开，做好相应文件的签发工作；第二，做好关于监理项目的月报表以及阶段性报告和专题性报告的编写工作，认真落实好相应的建筑监理总结性工作；第三，做好相关建设工作的监理资料收集和整理工作，充当好建筑单位与施工单位之间沟通的桥梁，及时将相应的施工数据和资料汇报给相关单位；第四，认真分析并审慎签发施工方所提供的开发报告以及技术和进度方案。同时，还要做好整个工程的质量检查和验收工作。

三、关于工程项目监理与项目管理的异同

事实上，很多人对工程的项目监理和项目管理总是混为一谈，认为这是一个管理模式和管理内容，无可否认，这两者在很多内容上有不少共同之处。然而，就系统研究内容来说，建筑工程项目监理和项目管理还是存在不少的差异和区别的。

从概念上来看，建筑工程监理更倾向的是一种监督管理，这种监督管理是建立在我国相关单位所批准的项目建设内容和法律、法规的基础之上的[4]。它依据的是监理合同和建筑工程合同，我们可以将其视为一种合约性管理。换而言之，建筑工程项目监理其实就是受到建设单位的委托基于合约的性质和精神来提供的建设过程中的管理和服务。

具体到工程项目管理则指的是建设建设单位一方的代表具体对整个工程项目进行的综合性的管理。从监理企业对比来看，监理公司更多的是在技术层面提供一种有偿的服务，事实上建筑监理企业并不具备更好的公司管理相关方面的内容。我们可以这么理解，建筑监理所推行的根本目的事实上也是要为整个管理项目提供必要的监理保障，其核心目的是对整个建筑行业的管理进行市场经济性质的改革。通过这些分析，我们不难看出，建筑项目监理和项目管理在定位和职责界定上还是存在着很多内容和形式上的差异，在研究监理行业大力发展的今天，我们更应当把握这些细节上的差异所在，使其更好地为监理行业顺利发展打下坚实的基础。

四、关于我国工程监理公司现阶段发展中的问题分析

（一）关于现阶段我国监理市场相关规范尚不健全的问题所在

如今，我国监理市场也有了进一步的拓展，从目前来看监理市场还是存在很多的不规范的内容。具体来说，像是一些监理业务转包和监理证件的挂靠等现象也是层出不穷。特别是一些监理单位在实际运作过程中仅仅只是处于挂名在工程项目建设当中，对于需要开展的监理工作也只是流于形式[5]。长此以往，不论是在建筑项目的质量保障方面还是监理行业发展方面都有着极为不利的影响。笔者在这里还要着重强调的是，目前我国市场经济体制进一步深化，在这个竞争机制下，监理行业对于开放型政策却领会得不够。举个例子来说，目前存在于监理行业中的地区性行业保护和区域保护现象极为明显。这也在很大一定程度上阻碍了建筑监理行业自由化的发展。

（二）关于工程监理相关从业人员所面临的问题

相关统计资料显示，目前我国监理行业相关从业人员自身的专业素养不够。事实上，这也是我国监理市场中的一个非常普遍的现象。系统数据显示，我国现在所谓的建筑监理师很多都是设计单位的施工单位的人员。他们对于建筑监理工作没有经过系统的培训和学习。还有就是，对相较于建筑单位来说，建筑监理行业的薪资待遇普遍有着很大程度上的不足，这也是导致工程监理从业人员人才稀少的原因之一。

（三）关于建筑监理工作单位的局限性问题

上文中我们曾经对监理工作的主要工作内容进行过深入分析。从分析上监理工作虽然包括了施工的众多阶段，但是其工作的核心还是被放置在了施工阶段。对于我国建筑项目来说，实际让监理单位参与建设的其他阶段的内容也非常少，这也在很大一定程度上为监理工作顺利开展造成了困扰。

（四）关于现阶段监理单位权力有限的问题

上文中我们也对这方面的内容有过系统的分析，事实上，在很多时候监理单位充当的都是建筑单位与施工单位沟通桥梁的作用。这就导致了建设单位和施工单位拥有着至高的权利，而却剥夺了监理单位应有的权利。其实我们不难看出，建筑单位其实是很矛盾的，他们一方面需要监理单位强势起来保障整个工程的质量，另一方面又从实际上削弱了监理单位所应有的权利。长此以往，建筑监理单位工作的开展就成了一个非常大的问题所在。

五、新时期建筑工程监理公司发展方向分析

（一）关于未来要对监理市场进行进一步的规范管理

事实上，这是一个老生常谈的问题，在很多时候，很多内容上我们都在提规范，作要求。然而，这是一个长期的过程，首先来说我们需要提升国家相关职能部门对监理行业的重视程度，逐步扭转当前的建筑工程监理行业所面临的局面[6]。笔者认为，首先要规范监理单位的资质审批工作，做好相应的把关工作，对一些资质不足的小监理企业进行必要的整顿和清理；其次是要进一步严格控制整个监理市场的运作过程和运营环节，对建筑市场的相关内容和体系也要进一步完善。

（二）关于未来推进工程监理深入整个建筑项目建设的过程

近年来，我国经济有了飞速的进步和发展，随之而来的是建筑行业也在不断地深入和发展。从目前来看，监理行业想要在市场化经济发展的今天走出自己的道路，就必须要找准自己的定位和发展方向，不能仅仅停留在重点参与工程项目的施工阶段，还要在工程项目的其他阶段深度参与。从这个角度出发，建筑监理行业还应当进一步强化自身的综合性实力，不断扩展自己的经营内容和经营理念，在现代化建设的今天努力提供更为风格化的综合性服务。

（三）未来必须要对监理行业人力资源进行整顿的方向

无论是哪个行业，人力资源都是推动该行业系统发展的根本性力量所在。我们可以这么理解，决定一个行业发展高度是其中从业人员的专业素质和具体修养[7]。上文中我们曾经提到，现阶段我国建筑监理行业人才匮乏，这也是需要我们今后监理行业发展一个着重改革的方向。

六、新时期建筑工程监理公司发展战略分析

笔者经过审慎的分析，了解了现阶段工程监理公司发展的优劣势所在，针对现阶段监理公司发展所面临的问题环节提出了以下三点未来发展的基本战略。

第一，我们要深入分析现阶段我国监理公司所制定的明确性战略目标。相关统计资料显示，建筑监理公司虽然是一个新兴的行业，但是其拥有较快的发展契机和发展形势。然而，在建筑工程监理公司的发展过程当中很多公司没有制定好相应的战略规划目标，换而言之就是缺乏必要的战略管理意识[8]。更有一些监理企业根据自身业务决定公司的发展，对行业缺乏必要的远见性分析。所以说，我们今后要深入分析监理公司发展的方向和愿景，作好建筑工程监理公司发展蓝图。

第二，我们提升建筑监理公司的科学性战略分析，从行业发展方向中寻求突破。事实上，现阶段我国监理公司的发展颇有跟风的习惯，一些大的监理企业虽然也在进行战略规划，但是由于缺乏必要科学性分析方法而使得战略往往都有很大的偏移[9]。对于工程监理公司来说，我们应当应用 SWOT 工具对公司进行深入而审慎的分析，把握好自身的发展道路所在。

第三，我们要努力促进监理公司顺利平稳地发展。对于工程监理公司今天的发展来看，内需是其发展的根本推动力[10]。从这个角度出发，我们在实际发展过程中不应当极力地追求监理公司规模上的扩大而是要对企业的生存环境和经营目标两者之间达到和谐的平衡。

七、结束语

总而言之，从目前来看我国建筑市场正处于发展的黄金时期，这与当前我国经济的快速发展和人们生活水平的不断提升密不可分。然而，建筑行业的迅猛发展在大力促进我国现代化建设的同时也带来了一些负面的问题。在整个大环境的驱使下，我国建筑行业体系也需要进一步地完善。建筑监理行业可以说是应时而生，也是应势而生。监理行业的出现极大地保障了建筑项目的质量和安全性，也在很大程度上促进了建筑行业平稳的发展。为此，在新时期我们必须深入研究建筑监理行业发展的科学性和规律性，使其更好地为我国现代化建设增砖添瓦。

参考文献：

[1] 黄健雄．建设工程监理行业发展的影响因素分析[D]．华南理工大学，2013．

[2] 徐南．工程建设施工阶段监理效果评价体系的研究[D]．西安建筑科技大学，2005．

[3] 李杰．中国工程监理业现状与发展研究[D]．西南交通大学，2005．

[4] 李海松．建设监理行业发展前景及对策研究[D]．山东大学，2006．

[5] 王瑞波．建设工程监理的现状分析及规范化研究[D]．郑州大学，2013．

[6] 马世军．注册监理工程师执业信用评价指标体系构建研究[D]．广西大学，2015．

[7] 周凯．绿色监理评价体系的建立及可持续发展研究[D]．合肥工业大学，2014．

[8] 王利旺．新形势下监理费支付方式转变研究[D]．吉林建筑大学，2015．

[9]朱明．项目管理型监理公司研究[D]．上海交通大学，2007．

[10]李长伟．中国建设监理服务的发展模式[D]．西安建筑科技大学，2004．

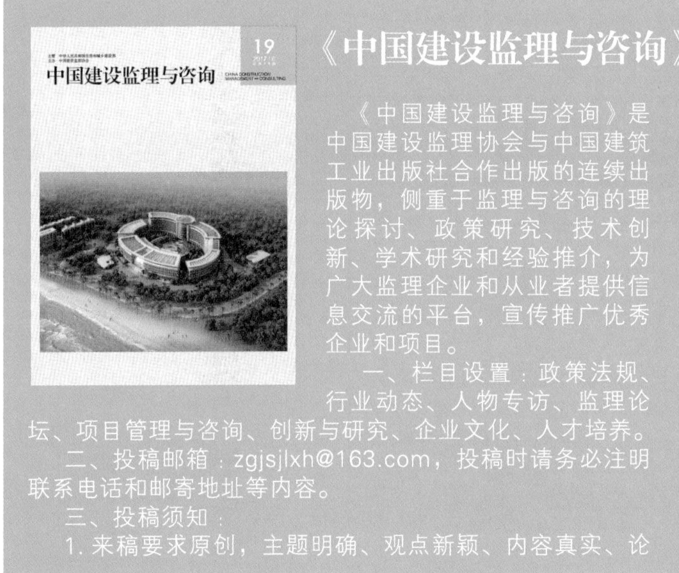

《中国建设监理与咨询》征稿启事

《中国建设监理与咨询》是中国建设监理协会与中国建筑工业出版社合作出版的连续出版物，侧重于监理与咨询的理论探讨、政策研究、技术创新、学术研究和经验推介，为广大监理企业和从业者提供信息交流的平台，宣传推广优秀企业和项目。

一、栏目设置：政策法规、行业动态、人物专访、监理论坛、项目管理与咨询、创新与研究、企业文化、人才培养。

二、投稿邮箱：zgjsjlxh@163.com，投稿时请务必注明联系电话和邮寄地址等内容。

三、投稿须知：

1. 来稿要求原创，主题明确、观点新颖、内容真实、论据可靠，图表规范，数据准确，文字简练通顺，层次清晰，标点符号规范。

2. 作者确保稿件的原创性，不一稿多投、不涉及保密、署名无争议，文责自负。本编辑部有权作内容层次、语言文字和编辑规范方面的删改。如不同意删改，请在投稿时特别说明。请作者自留底稿，恕不退稿。

3. 来稿按以下顺序表述：①题名；②作者（含合作者）姓名、单位；③摘要（300字以内）；④关键词（2~5个）；⑤正文；⑥参考文献。

4. 来稿以4000~6000字为宜，建议提供与文章内容相关的图片（JPG格式）。

5. 来稿经录用刊载后，即免费赠送作者当期《中国建设监理与咨询》一本。

本征稿启事长期有效，欢迎广大监理工作者和研究者积极投稿！

欢迎订阅《中国建设监理与咨询》

《中国建设监理与咨询》面向各级建设主管部门和监理企业的管理者和从业者，面向国内高校相关专业的专家学者和学生，以及其他关心我国监理事业改革和发展的人士。

《中国建设监理与咨询》内容主要包括监理相关法律法规及政策解读；监理企业管理发展经验介绍和人才培养等热点、难点问题研讨；各类工程项目管理经验交流；监理理论研究及前沿技术介绍等。

《中国建设监理与咨询》征订单回执（2018）

<table>
<tr><td rowspan="3">订阅人
信息</td><td>单位名称</td><td colspan="4"></td></tr>
<tr><td>详细地址</td><td colspan="2"></td><td>邮编</td><td></td></tr>
<tr><td>收件人</td><td colspan="2"></td><td>联系电话</td><td></td></tr>
<tr><td>出版物
信息</td><td>全年（6）期</td><td>每期（35）元</td><td>全年（210）元/套
（含邮寄费用）</td><td>付款方式</td><td>银行汇款</td></tr>
<tr><td colspan="6">订阅信息</td></tr>
<tr><td colspan="6">订阅自2018年1月至2018年12月，__________套（共计6期/年）　付款金额合计￥______________________元。</td></tr>
<tr><td colspan="6">发票信息</td></tr>
<tr><td colspan="6">□开具发票
发票抬头：______________________纳税人识别号：______________________
发票类型：一般增值税发票
发票寄送地址：□收刊地址　□其他地址
地址：______________________邮编：__________　收件人：__________　联系电话：__________</td></tr>
<tr><td colspan="6">付款方式：请汇至“中国建筑书店有限责任公司”</td></tr>
<tr><td colspan="6">银行汇款 □
户　名：中国建筑书店有限责任公司
开户行：中国建设银行北京甘家口支行
账　号：1100 1085 6000 5300 6825</td></tr>
</table>

备注：为便于我们更好地为您服务，以上资料请您详细填写。汇款时请注明征订《中国建设监理与咨询》并请将征订单回执与汇款底单一并传真或发邮件至中国建设监理协会信息部，传真010-68346832，邮箱zgjsjlxh@163.com。

联系人：中国建设监理协会　孙璐、刘基建，电话：010-68346832、88385640
中国建筑工业出版社　焦阳，电话：010-58337250
中国建筑书店　电话：010-68324255（发票咨询）

《中国建设监理与咨询》协办单位

 北京市建设监理协会 会长：李伟	 中国铁道工程建设协会 副秘书长兼监理委员会主任：肖上潘	 京兴国际工程管理有限公司 执行董事兼总经理：李明安	 北京兴电国际工程管理有限公司 董事长兼总经理：张铁明
 北京五环国际工程管理有限公司 总经理：李兵	 中国水利水电建设工程咨询北京有限公司 总经理：孙晓博	 鑫诚建设监理咨询有限公司 董事长：严弟勇　总经理：张国明	 北京希达建设监理有限责任公司 总经理：黄强
 中船重工海鑫工程管理（北京）有限公司 总经理：栾继强	 中咨工程建设监理公司 总经理：杨恒泰	 山西省建设监理协会 会长：唐桂莲	 山西省建设监理有限公司 董事长：田哲远
 山西煤炭建设监理咨询公司 执行董事兼总经理：陈怀耀	 山西和祥建通工程项目管理有限公司 执行董事：王贵展　副总经理：段剑飞	 太原理工大成工程有限公司 董事长：周晋华	 山西省煤炭建设监理有限公司 总经理：苏锁成
 山西震益工程建设监理有限公司 董事长：黄官狮	 山西神剑建设监理有限公司 董事长：林群	 山西共达建设工程项目管理有限公司 总经理：王京民	 晋中市正元建设监理有限公司 执行董事兼总经理：李志涌
 运城市金苑工程监理有限公司 董事长：卢尚武	 吉林梦溪工程管理有限公司 总经理：张惠兵	 沈阳市工程监理咨询有限公司 董事长：王光友	 大连大保建设管理有限公司 董事长：张建东 总经理：柯洪清
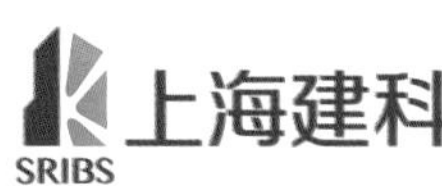 上海建科工程咨询有限公司 总经理：张强	 上海振华工程咨询有限公司 总经理：徐跃东	 山东同力建设项目管理有限公司 董事长：许继文	 山东东方监理咨询有限公司 董事长：李波
 江苏誉达工程项目管理有限公司 董事长：李泉	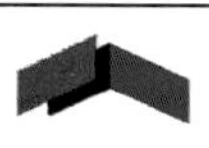 连云港市建设监理有限公司 董事长兼总经理：谢永庆	 江苏赛华建设监理有限公司 董事长：王成武	 江苏建科建设监理有限公司 董事长：陈贵 总经理：吕所章
安徽省建设监理协会 会长：陈磊	 合肥工大建设监理有限责任公司 总经理：王章虎	 浙江省建设工程监理管理协会 副会长兼秘书长：章钟	 浙江江南工程管理股份有限公司 董事长总经理：李建军
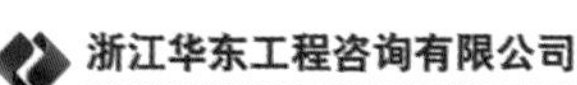 浙江华东工程咨询有限公司 执行董事：叶锦锋 总经理：吕勇	 浙江嘉宇工程管理有限公司 董事长：张建　总经理：卢甬	 江西同济建设项目管理股份有限公司 法人代表：蔡毅 经理：何祥国	 福州市建设监理协会 理事长：饶舜
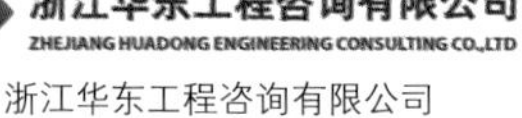 厦门海投建设监理咨询有限公司 法定代表人：蔡元发　总经理：白皓	 驿涛项目管理有限公司 董事长：叶华阳	 河南省建设监理协会 会长：陈海勤	 郑州中兴工程监理有限公司 执行董事兼总经理：李振文

《中国建设监理与咨询》协办单位

 河南建达工程咨询有限公司 总经理：蒋晓东	 河南清鸿建设咨询有限公司 董事长：贾铁军	 河南建基工程管理有限公司 总经理：黄春晓	 郑州基业工程监理有限公司 董事长：潘彬
 中汽智达（洛阳）建设监理有限公司 董事长兼总经理：刘耀民	 河南省光大建设管理有限公司 董事长：郭芳州	 河南方阵工程监理有限公司 总经理：宋伟良	 武汉华胜工程建设科技有限公司 董事长：汪成庆
湖南省建设监理协会 常务副会长兼秘书长：屠名瑚	 长沙华星建设监理有限公司 总经理：胡志荣	 湖南长顺项目管理有限公司 董事长：潘祥明 总经理：黄劲松	 深圳市监理工程师协会 会长：方向辉
 广东工程建设监理有限公司 总经理：毕德峰	 重庆赛迪工程咨询有限公司 董事长兼总经理：冉鹏	 重庆联盛建设项目管理有限公司 总经理：雷开贵	 重庆华兴工程咨询有限公司 董事长：胡明健
 重庆正信建设监理有限公司 董事长：程辉汉	 重庆林鸥监理咨询有限公司 总经理：肖波	 重庆兴宇工程建设监理有限公司 总经理：唐银彬	 四川二滩国际工程咨询有限责任公司 董事长：赵雄飞
 成都晨越建设项目管理股份有限公司 董事长：王宏毅	 云南省建设监理协会 会长：杨丽	 云南新迪建设咨询监理有限公司 董事长兼总经理：杨丽	 云南国开建设监理咨询有限公司 执行董事兼总经理：张葆华
 贵州省建设监理协会 会长：杨国华	 贵州建工监理咨询有限公司 总经理：张勤	 西安高新建设监理有限责任公司 董事长兼总经理：范中东	 西安铁一院工程咨询监理有限责任公司 总经理：杨南辉
 西安普迈项目管理有限公司 董事长：王斌	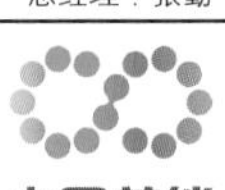 西安四方建设监理有限责任公司 总经理：杜鹏宇	 华春建设工程项目管理有限责任公司 董事长：王勇	 陕西华茂建设监理咨询有限公司 总经理：阎平
 永明项目管理有限公司 董事长：张平	甘肃经纬建设监理咨询有限责任公司 董事长：薛明利	 甘肃省建设监理公司 董事长：魏和中	 新疆昆仑工程监理有限责任公司 总经理：曹志勇
 广州宏达工程顾问有限公司 总经理：伍忠民	 河南方大建设工程管理股份有限公司 董事长：李宗峰	 河南省万安工程建设监理有限公司 董事长：郑俊杰	 中元方工程咨询有限公司 董事长：张存钦

湖南省建设监理协会

湖南省建设监理协会（Hunan Province Association of Engineering Consultants，简称 Hunan AEC）。

协会成立于 1996 年，是由在湖南省行政区域内从事工程建设监理及相关业务的单位和人士自愿结成的非营利性社会团体组织，现有单位会员 289 家。协会宗旨：遵守宪法、法律、法规和国家政策、社会道德风尚，维护会员的合法权益，为会员提供服务。发挥政府与企业联系的桥梁作用，及时向政府有关部门反映会员的诉求和行业发展建议。

协会已完成与政府脱钩工作，未来将实现职能转变，突出协会作为，提升服务质量，增强会员凝聚力，更好地为会员服务。在转型升级之际，引导企业规划未来发展，与企业一道着力培养一支具有开展全过程工程咨询队伍，朝着湖南省工程咨询队伍建设整体有层次、竞争有实力、服务有特色、行为讲诚信的目标奋进，使湖南省工程咨询行业在改革发展中行稳致远。

2017 年 4 月，协会进行了第四次换届选举，新的理事会机构产生。

湖南省建设监理协会 20 周年工作总结会议（1）

湖南省建设监理协会 20 周年工作总结会议（2）

湖南省建设监理协会第四届会员代表大会暨新技术交流会

2017 年度楚湘监理论坛

2017 年 9 月 20 日，深圳市住房和建设局召开全市工程监理行业廉洁从业工作会议

在深圳市工程监理行业廉洁从业工作会议上 10 名企业代表签署行业廉洁自律公约

深圳市工程监理行业廉洁从业工作会议为 5 家廉洁从业示范单位和 5 个廉洁从业示范项目监理机构授牌

2017 年 10 月 20 日，深圳市纪委召开市廉洁从业试点单位廉洁从业工作推进会，市委常委、市纪委书记张子兴同志和市住建局党组书记、局长张学凡同志，与市监理行业党委书记、监理协会会长方向辉同志和市监理行业党委办主任、监理协会秘书长龚昌云同志合影留念

2017 年 10 月 26 日，深圳市工程监理行业党委召开党委扩大会议，学习党的十九大精神，传达市委常委、市纪委书记张子兴同志在市廉洁从业试点单位廉洁从业工作推进会上的讲话精神，对推进下一步行业廉洁从业工作进行部署

2017 年 11 月 14 日至 17 日深圳市工程监理行业廉洁从业委员会对 5 家示范单位和 5 个示范项目监理机构进行阶段性考核评价。图为廉洁从业委员会在示范单位深圳市京圳工程咨询有限公司座谈交流

深圳市监理工程师协会
SHENZHEN PROJECT MANAGEMENT ENGINEERS ASSOCIATION

树立行业新形象　创造行业新价值

深圳市监理工程师协会成立于 1995 年 12 月，在 20 多年的发展过程中一直秉承为会员服务、反映会员诉求、规范会员行为的服务宗旨，目前有企业会员 154 家，从业人员 2.5 万余名。2015 年 12 月 18 日，深圳市工程监理行业党委正式成立，以党建促发展，开创了行业改革发展和健康发展的新局面。截至 2017 年 11 月，行业党委共有 28 个基层组织，党员 265 名。近年来，协会在做好服务会员的同时，承接了多项政府职能转移工作，其中有深圳市人力资源社会保障局中、高级施工管理专业职称评审，福田区住建局辖区所属建设工程施工安全检查技术服务和建筑业三级资质审查，福田区安监站建设工程施工安全检查技术服务等。

2017 年 6 月 1 日，深圳市两新组织纪工委、市社会组织党委联合印发《关于在我市行业协会建立廉洁从业委员会开展廉洁从业工作的实施意见》，工程监理行业被列入全市五个试点开展廉洁从业工作的行业之一。深圳市工程监理行业党委和协会在 8 月设立了市工程监理行业廉洁从业委员会，组织实施全市工程监理行业廉洁从业工作，推进行业自律工作制度化、规范化建设，实现行业自我约束、自我监督的目标。目前，行业廉洁从业工作正扎实稳健地进行。

开了一次会议　9 月 20 日，在深圳市住建局的组织下，召开了全市工程监理行业廉洁从业工作会议，225 家在深监理企业负责人出席会议。在 300 多名行业同仁的见证下，10 家监理企业代表现场签署了行业廉洁自律公约。会议明确提出，积极推进实现“行业廉洁自律的信用评价与各政府主管部门的信用管理制度相衔接，行业廉洁自律惩戒与政府惩戒机制相衔接，监理企业信用评价成果与工程监理招标相衔接”的三个衔接目标。

出了一本汇编　包括所制定并报经市两新组织纪工委、市社会组织党委、市住建局备案的《深圳市工程监理行业廉洁从业工作方案》，以及《深圳市工程监理行业廉洁从业示范岗创建活动实施办法》《深圳市工程监理行业廉洁自律公约》《深圳市工程监理企业信用管理办法》《深圳市工程监理从业人员管理办法》和《深圳市工程监理行业廉洁从业委员会工作规则》等。这是监理行业开展廉洁从业工作的指导性、可操作性文件，这些文件的实施，使得监理行业廉洁自律工作步入常态化、制度化、规范化的轨道。

推行监理行业廉洁从业工作，是贯彻落实中共中央、国务院和国家相关部委有关“强化对工程监理的监管”的一项实际举措，对建立公平、公正、诚信、廉洁社会，建设诚信经营和廉洁从业的行业秩序都具有重要意义。协会作为行业廉洁自律工作的推行者，将为推进工程监理事业健康有序地发展，为树立行业新形象、创造行业新价值不懈努力。

深圳市工程监理行业党委
深圳市监理工程师协会

福州市建设监理协会

福州市建设监理协会成立于1998年7月，是经福州市民政局核准注册登记的非营利社会法人单位，接受福州市城乡建设委员会的业务指导和福州市民政局的监督管理。协会会员由福州市从事工程监理工作单位和个人组成，现有会员161家。

协会认真贯彻党的十九大精神，以马克思列宁主义、毛泽东思想、邓小平理论、“三个代表”重要思想、科学发展观、习近平新时代中国特色社会主义思想为指导，遵守宪法、法律、法规，遵守社会公德和职业道德，贯彻执行国家的有关方针政策，维护会员的合法权益，及时向政府有关部门反映会员的要求和意见，热情为会员服务，引导会员遵循“守法、公平、独立、诚信、科学”的职业准则，维护开放、竞争、有序的监理市场，同心同德为海峡两岸经济区建设作出新的贡献。

协会下设秘书处、检测专业委员会、咨询委员会和自律委员会，主要开展的工作包括：

（一）宣传和贯彻工程建设监理方面的法律、法规、规章和规范、标准等。监督实施本协会的会员公约。

（二）开展工程建设监理行业管理，接受政府建设主管部门的委托办理工程建设等相关工作，承担政府购买服务的工作。

（三）开展建设监理知识的普及和监理人员的培训与继续再教育工作。

（四）开展在榕监理工作的检查及评比活动，推进企业信用体系建设。

（五）办好协会网站，提供相关建设监理的政策、行业动态等信息，逐步完善人才资源、监理业绩、信用档案等资料库，更好地为从业人员、企业和社会服务。

（六）开展建设监理的咨询服务，组织会员单位的专家对工程建设监理工作进行评议或评价。

（七）深入开展行业调查研究，积极向政府及其部门反映行业、会员诉求，提出行业发展等方面的意见和建议，完善行业管理，促进行业发展。

地　址：福州市鼓楼区梁厝路95号仁文大儒世家依山苑1座101室
邮　编：350002
电　话：0591-83706715/18050777970
传　真：0591-86292931
邮　箱：fzjsjl@126.com
网　址：www.fzjsjl.org

福州弘信工程监理有限公司监理的福州火车北站南广场综合交通枢纽工程项目位于福州火车北站南广场，面向城市核心区，南临站前路，西靠站西路，东达沁园支路，北接火车站。项目总用地面积约4.75hm^2，项目总建筑面积约16.43万m^2，总投资约20.88亿元。它的建设对于增强福州市的城市辐射力、提升福州市在全国铁路网中的地位、促进城市的发展、缓解城市交通压力以及确保轨道交通工程如期建成和运营具有决定性的意义。

闽江学院新华都商学院大楼位于闽侯县上街镇文贤路1号闽江学院校区内，总建筑面积约27490m^2，总投资约8000万元人民币；福州市建设工程管理有限公司承担监理工作，并荣获2014～2015年度中国建设工程鲁班奖（国家优质工程）。

福建工大工程咨询监理有限公司监理的海峡青年交流营地项目位于琅岐岛，占地203亩，地上建筑面积约14.5万m^2，总投资约18亿元。营地融合现代建筑与传统福建民居风格于一体，功能布局和建筑形态既凸显青年活泼的天性，又彰显海峡文化地域特色。

中船重工海鑫工程管理（北京）有限公司

中船重工海鑫工程管理（北京）有限公司（原名北京海鑫工程监理公司）成立于 1994 年 1 月，是中国船舶重工集团公司中船重工建筑工程设计研究院有限公司的全资公司。

中船重工海鑫工程管理（北京）有限公司是中国船舶重工系统最早建立的甲级监理单位之一，是中国建设监理协会理事单位；船舶建设监理分会会长单位；北京市建设监理协会会员。公司拥有房屋建筑工程监理甲级、机电安装工程监理甲级、港口与航道工程监理甲级、市政公用工程监理甲级、人民防空工程监理甲级等监理资质。入围中央国家机关房屋建筑工程监理定点供应商名录；入围北京市房屋建筑抗震节能综合改造工程监理单位合格承包人名册。

公司经过二十年的发展和创新，积累了丰富的工程建设管理经验，发展成为一支专业齐全、技术力量雄厚、管理规范的一流监理公司。

公司专业齐全、技术力量雄厚

公司设立了办公人事部、市场经营部、技术质量安全部、总工办公室、和财务部五个部门，下设湖北分公司、云南分公司、山西分公司及西安分公司四个分公司及五个事业部。目前，现有员工 234 名，其中教授级高工 6 人，高级工程师 68 人，工程师 122 人，涉及建筑、结构、动力、暖通、电气、经济、市政、水工、设备、测量、无损检测、焊接等各类专业人才；具有国家注册监理工程师、安全工程师、设备监理工程师、造价工程师、建造师等资格的有 45 人，具有各省、市及地方和船舶行业执业资格的监理工程师 75 人。能适应于各类工业与民用建筑工程、港口与航道工程、机电安装工程、市政公用工程、人防工程等建设项目的项目管理和监理任务。

公司管理规范

制度完善，机制配套，通过 ISO9001:2008 质量体系认证、ISO14001:2004 环境管理体系认证、OHSAS18001:2007 职业健康安全管理体系。公司推行工序确认制度和“方针目标管理考核”制度，形成了一套既符合国家规范又具有自身特色的管理模式。中船重工海鑫工程管理（北京）有限公司以中船重工建筑设计研究院有限公司为依托，设有技术专家委员会，专门研究、解决论证公司所属项目重大技术方案课题，协助实施技术攻关，为项目提供技术支持，保证项目运行质量。同时，公司在工程监理过程中，积极探索科学项目管理新模式。成立 BIM 专题组，对项目进行模拟仿真实时可视化虚拟施工演示，在加强有效管控的同时，降低成本、减少返工、调节冲突，并为决策者制订工程造价、进度款管理等方面提供依据。

公司监理业绩显著

本公司成立以来，获得中国建设监理协会 2010 年和 2012 年度先进工程监理企业荣誉称号；2015 年荣获 2013~2014 年度北京市建设行业诚信监理企业荣誉称号；获得北京建设监理协会 2010~2011 年度先进工程监理企业荣誉称号；并多次获得中国建设监理协会船舶监理分会先进工程监理企业单位。承接的大型工业与民用建设工程的工程监理项目中，公司积累了非常丰富的监理经验，其中 60 余项工程获得北京市及地方政府颁发的各类奖励：获北京市长城杯优质工程奖的有 22 项，其他直辖市及省地方优质工程奖的有 19 项，2014~2015 年度荣获建设工程鲁班奖。

公司恪守“以人为本，用户至上，以诚取信，服务为荣”的经营理念，坚持“依法监理，诚信服务，业主满意，持续改进”的质量方针，遵循“公正、独立、诚信、科学”的监理准则，在监理过程中严格依据监理合同及业主授权，为客户提供有价值的服务，创造有价值的产品。

公司依靠与时俱进的经营管理、制度创新、人才优势和先进的企业文化，为各界朋友提供一流的服务。凭借健全的管理体制、良好的企业形象以及过硬的服务质量，有力提高公司的软实力和竞争力。

今后公司将一如既往，以“安全第一，质量为本”优质服务，注重环保的原则；努力维护业主和其他各方的合法权益，主动配合工程各方创建优良工程，积极为国家建设、船舶工程事业及各省市地方建设作贡献。

地　址：北京市朝阳区双桥中路北院 1 号

电　话：010-85394832　　010-85394399

传　真：010-85394832　　邮　编：100121

邮　箱：haixin100121@163.com

2MW 变速恒频风力发电机组产业化建设项目工程（45979.04m²）

北京市 LNG 应急储备工程

北京炼焦化学厂能源研发科技中心工程（148052m²）

北京太平洋城 A6 号楼工程（104414.93m²）

北京市 LNG 应急储备工程

天津临港造修船基地造船坞施工全景图

北京市通州区台湖镇（约 52.56 万 m²），工程造价 20 亿元

山西共达建设工程项目管理有限公司

SHANXI GONGDA CONSTRUCTION PROJECT MANAGEMENT CO., LTD.

山西共达建设工程项目管理有限公司（原名山西共达工程建设监理有限公司）成立于2000年3月，注册资金500万元，是一家具有独立法人资格的经济实体。公司现具备房屋建筑工程监理甲级、市政公用工程监理甲级、公路工程监理乙级、机电安装工程监理乙级及招标代理、人防工程乙级资质、环境监理资质、工程项目管理等多项资质，并已通过ISO9001质量管理体系认证。公司现为山西省建设监理协会常务理事单位、山西招标投标协会会员单位、《建设监理》理事会理事单位、山西省民防协会理事单位、太原市政府“职业教育实习实训基地”。

公司下设综合办公室、总工办公室、经营开发部、项目管理部、设计部、招标代理部、财务部、人力资源部。经过多年的发展，公司凝聚了一批专业技术人才，现公司具有国家各类执业资格人员111人次，其中国家注册监理工程师58人、注册造价工程师12人、注册一级建造师20人、人民防空工程监理工程师15人、环境监理工程师6人；具有各专业高级职称人员35人、中级职称人员260余人\省级注册监理工程师220人。

公司领导在狠抓经济效益的同时也注重党政建设，“中共山西共达项目管理公司支部”，现有党员30余人。

公司以重信誉、讲效率、求发展为己任，奉守“团结、高效、敬业、进取”的企业精神，认真履行并完成项目合同的各项条款，坚决维护业主和各相关方的合法权益，力争达到“合同履约率100%，顾客满意度100%”的质量目标。多年来公司先后承接并完成了300多项大中型房屋建筑工程及市政工程建设项目，其中山西省妇联高层住宅楼、太原市建民通用电控成套有限公司职工住宅楼荣获“结构样板工程”称号；孝义市人员检察院技侦大楼荣获“优良工程”称号和“汾水杯”称号。公司将“干一项工程，树一块牌子”的理念贯彻到每一位员工，多年来，公司所完成的项目赢得了社会各界的好评，多年连续被评为“山西省先进监理企业”。

在深化改革的浪潮中，公司领导与时俱进，发挥公司的资源优势和市场优势，开创工程项目管理、项目代建市场，取得突破性进展，明确了公司转型升级的方向。公司领导坚持“强化队伍建设，规范服务程序，在竞争中崛起，在发展中壮大”的经营方针，以全新的服务理念面向业主、依托业主、服务业主，把新的项目管理思想、理论、方法、手段应用到工程建设中。

山西共达建设工程项目管理有限公司诚挚地以诚信、科学、优质的服务与你共创宏伟蓝图。

地　址：太原市杏花岭区敦化南路127号嘉隆商务中心四层
电　话：0351-4425309
传　真：0351-4425586
邮　编：030013
负责人：王京民
网　址：www.sxgdgs.com
邮　箱：sxgdjl@163.com

营业执照

注册号140100200115476

名称：山西共达建设工程项目管理有限公司
类型：有限责任公司(自然人投资或控股)
住所：太原市杏花岭区敦化南路127号（嘉隆商务中心608、610室）
法定代表人：王京民
注册资本：伍佰万元整
成立日期：2000年06月20日
营业期限：2000年06月20日至2020年12月31日

登记机关

中华人民共和国国家工商行政管理总局监制

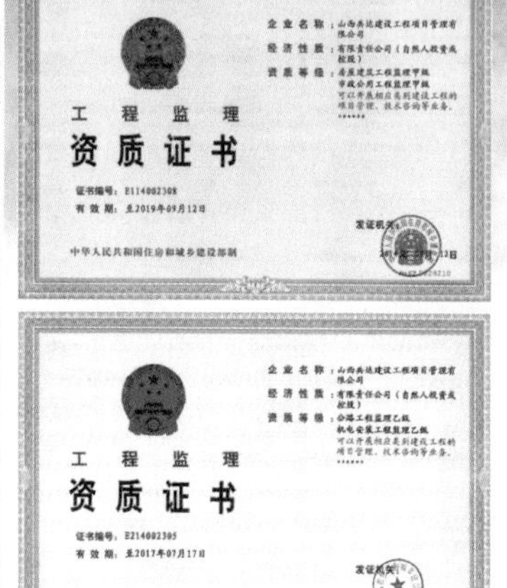

工程监理
资质证书

企业名称：山西共达建设工程项目管理有限公司
经济性质：有限责任公司（自然人投资或控股）
资质等级：房屋建筑工程监理甲级
市政公用工程监理甲级
可以开展相应类别建设工程的项目管理、技术咨询等业务。

证书编号：E114002308
有效期：至2019年09月12日

发证机关

中华人民共和国住房和城乡建设部制

工程监理
资质证书

企业名称：山西共达建设工程项目管理有限公司
经济性质：有限责任公司（自然人投资或控股）
资质等级：公路工程监理乙级
机电安装工程监理乙级
可以开展相应类别建设工程的项目管理、技术咨询等业务。

证书编号：E214002305
有效期：至2017年07月17日

发证机关
2012年07月17日

中华人民共和国住房和城乡建设部制

山西省环境监理

备案证书

单位名称：山西共达建设工程项目管理有限公司
单位地址：太原市杏花岭区敦化南路127号（嘉隆商务中心608、610室）

人民防空工程建设监理单位

资质等级证书

山西共达建设工程项目管理有限公司经审查核定为乙级监理单位，特发此证书

证书编号：省人防建监资字第（0011）号

恒大未来城

御祥苑

北美金港项目－夜景

背景：北美金港项目－日景

中汽智达（洛阳）建设监理有限公司

AIE LUOYANG ZHIDA CONSTRUCTION SUPERVISION CO.,LTD

中汽智达（洛阳）建设监理有限公司成立于1993年，中国汽车工业工程有限公司下属国有全资建设监理企业，注册地河南省洛阳市涧西区，注册资金1000万元。国家住房和城乡建设部建设监理行业最高资质—综合监理资质（证书号：E141009144）。主营业务：工程监理、工程总承包、项目管理，兼营：地质勘察、地基处理、技术咨询、造价咨询、工程设计、环境影响评价等。

中国汽车工业工程有限公司，由原机械工业部第四、第五设计研究院创立式重组成立，总部注册地天津市南开区长江道，在天津、洛阳、上海、北京等地设有分支机构及办公地点。拥有各类技术人员三千六百余人，主营业务为工业及民用项目的技术咨询、地质勘察、设计、项目管理、工程监理、工程总承包、设备研发及制造安装等，业务遍布中国各地及欧亚美非等世界各大洲知名企业，年均实现产值超过60亿元。中汽工程始终励精图治，坚持不懈推进价值竞争战略，致力于全方位打造国际知名的工程系统服务商，成绩斐然，在行业内尤其在汽车、拖拉机、发动机、工程机械、大型民用建筑及基础设施建设等领域有着强大的技术实力和良好的信誉。

中汽智达监理，管理标准体系行业领先。良好的管理标准体系及管理模式，是企业高速发展最核心的源动力之一，可以将企业的人力资源、技术能力等全部资源有机组合起来，高效运转起来。中汽智达监理始终重视管理标准体系建设，作为行业内率先通过"质量、环境、职业健康安全"体系认证的综合性监理企业，始终以认证体系为基础，结合自身实际，搭建管理架构，制定管理标准，多年来累计颁布、执行各项管理标准、技术标准、作业细则或指导书共11大类276项次，超过40余万字，对指导、规范、统一公司各项工作起到了重要作用。公司实行总部、职能部门、项目部三级管理机制，合理分解管理职能，合理设定管理跨度，实现分级管理，分兵把关。公司结合三标管理认证体系，实行内审、外审及不定期突击抽查制度，及时发现问题、解决问题，与时俱进不断充实、更新管理标准体系，确保各项标准得到充分有效执行，并以此为基础制定制度，评价、考核下属机构及员工工作成效。公司始终重视信息化建设，竭力打造综合性大型信息化管理平台，将工作软件、管理标准、工作流程等融入平台，依托平台实现对经营、管理、生产的全面覆盖和及时监控。良好的管理标准体系和多样化的管理模式，是中汽智达的核心优势之一。

中汽智达监理，专业配套齐全，行业覆盖广泛。建设监理作为技术服务行业，有两个重要的属性：专业能力和服务能力，这是企业最直接、最关键的核心源动力之一，其中人力资源无疑起着决定性的作用。智达监理始终注重懂技术、懂管理、懂经济、懂法律等复合型高级人才队伍建设，并以此为基础，持续提升完善综合能力。共拥有各类专业技术人员359人，包括教授级高级工程师3人、高级工程师53人、工程师169人，其中国家注册监理工程师72人、注册安全师21人、注册建造师19人、注册建筑师1人、注册结构师2人、注册造价师10人，涵盖企业管理、地质、测量、规划、建筑、结构、给排水、暖通、动力、供配电、IT、技术经济、智能建筑、铸造、冲压、焊接、涂装、总装等5大类30多个专业及房屋建筑、市政、道桥、冶炼、机电安装、电力、通信、环保、水利、交通等11个行业。智达监理，年龄结构合理，专业构成丰富，人力资源优势明显，具有全面的综合服务能力。

中汽智达监理，管理团队专业，且配套全、作风正，把人力资源有效组合起来，以良好的企业文化为纽带，形成配套齐全、作风端正的专业化管理团队而不是松散的各自为战的临时团伙，更能发挥和充分利用资源潜力。智达监理一贯重视团队建设，下设第一、第二、第三等三个事业部，技术质量部、生产管理部、营销管理部、人力资源部、综合办公室等五个职能部门，及六个驻外机构，与中汽工程总部纪检委、法务部、安全生产部、装备及新产业部等共同组成一体化管理机制，体系明确，建制齐全。智达监理始终重视企业文化及作风建设，始终奉行"合作、进取、至诚、超越"的企业精神和"进德、明责、顾客价值"的核心价值观，积极推进价值竞争战略，以服务而不是过度低价赢得用户，以实力而不是投机钻营立足市场。同时，采取措施引导员工建立修身立德、成人达己的人生观，通过服务社会、奉献社会实现自我价值，坚决抵制并杜绝监理行业普遍存在令人深恶痛绝的违规挂靠、吃拿卡要、不作为或乱作为等不良习气。一支配套齐全作风端正的专业化管理团队，是智达监理实力的体现及值得骄傲的资本。

中汽智达监理，业绩优良、经验丰富。自1993年成立以来，多次蝉联中国建设监理协会、中国建设监理协会机械分会、河南省建设监理协会、洛阳市建设监理协会等颁发的"优秀监理单位"称号，2008年，更是荣获"中国建设监理创新发展20年监理先进企业"称号。获得国家级鲁班奖、装饰金奖、市政金奖及省级以上工程奖项95项。被德国大众、美国卡特彼勒等数十家国内外知名企业授予"最佳服务提供商"称号，近百名员工被授予各级"优秀总监理工程师""优秀监理工程师""优秀项目经理"等称号。

自成立以来，智达监理不断拓宽业务领域，提升企业品牌。共完成大中型以上建设工程监理、项目管理、总承包等1000余项，累计总投资超过4000亿元，累计总建筑面积超过6250余万m²，包括国家"863"高科技重点建设项目、大型综合性工业项目（从土建、公用系统到设备制造、监造、安装、单机调试、联动试车、试生产等全过程服务）、五星级酒店、高层及超高层公用及民用建筑、综合体育中心及单体场馆、水处理厂、污水处理厂、市政、道路、桥梁、隧道、环境整治、河道或水系治理等467项特等及一等工程。从惊天动地的抗震一线到默默无闻的日常建设现场，从高精尖的国家战备工程到普通社会项目，从白雪皑皑的北国到莺歌燕舞的南方，从广袤的黄土高原到富饶的东海之滨，无不留下了智达人辛勤的汗水和艰苦的努力，无不记录着智达人探索奋斗的历程和艰苦创业的精神。

知而获智，智达高远。业绩来自于奋斗，经验来自于积累，荣誉来自于付出。智达人不会停止前进的脚步，智达监理将一如既往，以自身良好的企业文化、坚强的技术实力、优秀的管理团队、丰富的实践经验为基础，继续打造精品工程，服务市场、回报社会。

东环路跨洛河大桥

常西湖公共文化服务区"四个中心"

正大超高层

郑州宇通客车股份有限公司节能与新能源客车生产基地

海南马自达

江苏金坛汽车

太平洋齿轮锻项目

浙江吉利汽车有限公司春晓项目

大众仪征分厂 VDC 工程

西安铁一院
工程咨询监理有限责任公司

XI' AN ENGINEERING CONSULTANCY&SUPERVISION CO.,LTD.FSDI

西安铁一院工程咨询监理有限责任公司现为国有控股企业，公司总部位于西安市高新区。公司现具有监理综合资质、地灾治理工程监理甲级、测绘乙级、咨询丙级等多项资质；通过了 ISO 9001\ISO 14001\OHSAS 18001 三体系认证。业务范围可涵盖铁路、市政、公路、房建、地灾治理、机电设备安装、水利水电、电力通信等所有类别建设工程的项目管理、技术咨询和建设监理服务。

公司具有得天独厚的人力、技术和管理等资源优势。现有员工逾 1900 人，其中高、中级技术人员 700 余人、持有各类执业资格证书人员 1131 人次。先后有 46 人次分别入选铁道部、西安铁路局、陕西省工程招标评标委员会评委会专家。

公司现为中国建设监理协会、中国土木工程学会、中国铁道工程建设监理协会等多家会员单位，是陕西省建设监理协会副会长单位。先后多次荣获西安市、陕西省、中国铁道工程建设监理协会及中国工程监理行业“先进工程监理企业”荣誉称号。先后被市级、省级工商局和国家工商总局授予“守合同重信用企业”；荣获陕西省 A 级纳税人称号。

公司成立至今累计承担了多项大中型国家重点工程建设项目的建设任务，参建工程荣获多项荣誉。近年来荣获国家级奖项：京津城际铁路获中国建设工程鲁班奖、新中国成立 60 周年 100 项经典暨精品工程奖、第九届中国土木工程詹天佑奖、百年百项杰出土木工程奖；福厦铁路获百年百项杰出土木工程奖、福州南站获中国建设工程鲁班奖；新建合武铁路湖北段获第十届土木工程詹天佑奖；西安市西三环路获 2011 年中国市政金杯奖；重庆轨道交通三号线二期工程获 2013 年度中国市政金杯奖；哈大客专四电系统集成通信信号系统、石武客专湖北段分获 2014~2015 年度国优奖；无锡地铁一号线、南昌地铁一号线分获 2016~2017 年度国优金质奖；南京地铁、哈大客专电力及牵引供电系统分获 2016~2017 年度国优奖；哈大客专获第十四届詹天佑奖；西安地铁一号线获 2015~2016 年度中国安装工程优质奖。省部级奖项有：京津城际铁路获 2009 年度火车头优质工程一等奖；西安市西三环路获 2009 年度陕西省市政金杯示范工程；重庆轻轨三号线观音桥至红旗河沟区间隧道及车站工程获 2010 年度重庆市三峡杯优质结构工程奖、嘉陵江大桥项目获 2011 年度“巴渝杯”、三号线一期、二期工程分获 2012 年度“巴渝杯”、三号线二期工程获 2013 年度重庆市政金杯奖；无锡地铁一号线、南京地铁机场线分获 2015 年度江苏省“扬子杯”；沪昆客专贵州段凯里南站房及相关工程获 2015 年度贵州省“黄果树杯”；深圳地铁七号线 BT 项目获 2015 年广东省优质结构工程奖；无锡地铁二号线获 2016 年度江苏省“扬子杯”。

回顾公司顺应市场改革改制组建至今，始终坚持解放思想、依法经营、科学管理，历经多年扎实耕耘和创新发展，现已形成以铁路和城轨为主、纵横延伸的多元化市场格局，并延伸至秘鲁、斯里兰卡、巴基斯坦等海外市场，跻身国内监理企业百强。公司上下将更加坚定发展的决心和做强的信心，坚持发扬“和谐、高效、创新、共赢”的企业精神，笃行“守法、诚信、公正、科学”的执业准则，求真务实、锐意进取，继续为各行业的工程建设事业作出积极贡献！

地　址：西安市高新区丈八一路 1 号汇鑫 IBC 大厦 D 座 6 层
邮　编：710065
电　话：029-81770772、81770773（fax）
邮　箱：jlgs029@126.com
网　址：www.fccx.com.cn
招　聘：jlgszhaopin@126.com　029-81770791、81770794

1. 公司参建的哈大客专（荣获第十四届詹天佑奖）

2. 公司参建的无锡地铁 1 号线（荣获 2016~2017 年度国优金奖）

3. 公司参建的京津城际铁路

4. 公司参建的重庆轻轨二号线

5. 公司参建的西成客专陕西段

6. 公司参建的福厦铁路福州南站

7. 公司参建的广州地铁四号线

8. 公司参建的陕西大剧院（效果图）

9. 公司参建的中铁宝桥重载高锰钢辙叉生产基地（效果图）

10. 公司参建的陕西西咸新区枫叶国际学校（效果图）

11. 公司参建的沪宁城际铁路

河南方阵工程监理有限公司

河南方阵工程监理有限公司创建于 2011 年 2 月，公司总部注册地位于河南省郑州经济技术开发区航海东路 1319 号，公司主要从事工程咨询、工程监理、项目管理等业务，目前监理资质具有：房屋建筑工程甲级、市政公用工程甲级、水利水电工程乙级、电力工程乙级、石油化工乙级。

公司专业配套齐全，技术力量雄厚，具有丰富的工程咨询、工程监理经验。公司 2014~2016 年连续荣获河南省建设工程“中州杯”奖及“河南省工程监理行业先进工程监理企业”荣誉称号，公司自成立以来，监理业绩卓著，社会信誉良好，公司业务遍布全国各地。

公司通过社会招聘及内部培养，不断提高公司监理人员的素质，强化内部管理，全面实施“方阵精品工程”，形成了一套标准化、规范化、专业化及科学化的管理模式，在同行业中始终保持质量领先优势。

新时期，新形势，公司将围绕着国家对监理行业的改革思路，不忘初心，砥砺前行，与时俱进！随着注册监理工程师、注册建造师、注册咨询师、注册建筑师、注册结构师等其他国家注册类人员数量日益增加，公司将来为业主提供全过程、全方位、高水平的建设工程设计、工程咨询、工程监理、项目管理奠定了基础。

晋江永晟金融大厦

福建德远总部大楼

福建晋兴总部大厦

泉州连捷山水悦城

福建晋兴集团金锭慈善大楼

浙江省建设工程监理管理协会

浙江省建设工程监理管理协会即原浙江省建设监理协会，成立于2004年12月。2014年4月，经协会第三届会员大会通过决议，协会由行业协会转变为专业协会，同时更改为现名称。

协会宗旨是：遵守社会道德风尚，遵守法律、法规和国家有关方针政策。以坚持为全省建设监理事业发展服务为宗旨，维护会员的合法权益，引导会员遵循“守法、诚信、公正、科学”的职业准则，沟通会员与政府、社会的联系，发展和繁荣浙江省建设工程监理事业。

目前，协会共有会员单位413家，会员中监理企业占93%以上。监理范围涉及房屋建筑、市政工程、交通、水利等十多个专业，基本覆盖了浙江省建设工程的各个领域。另外，协会还有大专院校、科研单位、标准化管理机构以及建设工程质量（安全）监督机构等各类会员单位33家。

近年来，在广大会员单位的支持和帮助下，本届理事会始终以协会宗旨为指引，认真贯彻上级指示，严格执行规章制度，大力发展会员，尽力做好服务，增强了协会凝聚力和号召力。协会在推动行业改革发展、引导企业适应市场竞争、提升服务能力、开展技术协作与交流等方面做了大量工作，取得显著的成效。未来，协会将一如既往地本着提供服务、反映诉求、规范行为的原则，热情地为广大会员单位服务，积极工作，努力为浙江省监理行业的发展作出贡献。

省建筑业管理局副局长、浙江省建设工程监理管理协会理事会会长叶军献

协会副会长、秘书长章钟在监理工程项目部调研工程质量

党建联络组在嘉兴南湖接受党课教育

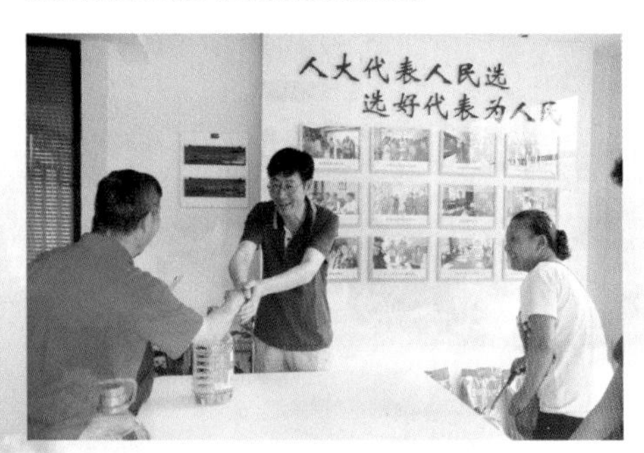

协会与社区结对扶贫帮困，定时上门慰问

荣获中国社会组织评估5A级

戊戌狗年 2018

January 1

日 Sun	一 Mon	二 Tue	三 Wed	四 Thu	五 Fri	六 Sat
	1 元旦	2 十六	3 十七	4 十八	5 小寒	6 二十
7 廿一	8 廿二	9 廿三	10 廿四	11 廿五	12 廿六	13 廿七
14 廿八	15 廿九	16 三十	17 十二月	18 初二	19 初三	20 大寒
21 初五	22 初六	23 初七	24 腊八节	25 初九	26 初十	27 十一
28 十二	29 十三	30 十四	31 十五			

February 2

日 Sun	一 Mon	二 Tue	三 Wed	四 Thu	五 Fri	六 Sat
				1 十六	2 十七	3 十八
4 立春	5 二十	6 廿一	7 廿二	8 小年	9 廿四	10 廿五
11 廿六	12 廿七	13 廿八	14 情人节	15 除夕	16 春节	17 初二
18 初三	19 雨水	20 初五	21 初六	22 初七	23 初八	24 初九
25 初十	26 十一	27 十二	28 十三			

March 3

日 Sun	一 Mon	二 Tue	三 Wed	四 Thu	五 Fri	六 Sat
				1 十四	2 元宵节	3 十六
4 十七	5 惊蛰	6 十九	7 二十	8 妇女节	9 廿二	10 廿三
11 廿四	12 植树节	13 廿六	14 廿七	15 廿八	16 廿九	17 二月
18 初二	19 初三	20 初四	21 春分	22 初六	23 初七	24 初八
25 初九	26 初十	27 十一	28 十二	29 十三	30 十四	31 十五

April 4

日 Sun	一 Mon	二 Tue	三 Wed	四 Thu	五 Fri	六 Sat
1 愚人节	2 十七	3 十八	4 十九	5 清明	6 廿一	7 廿二
8 廿三	9 廿四	10 廿五	11 廿六	12 廿七	13 廿八	14 廿九
15 三十	16 三月	17 初二	18 初三	19 初四	20 谷雨	21 初六
22 地球日	23 初八	24 初九	25 初十	26 初十一	27 十二	28 十三
29 十四	30 十五					

May 5

日 Sun	一 Mon	二 Tue	三 Wed	四 Thu	五 Fri	六 Sat
		1 劳动节	2 十七	3 十八	4 十九	5 立夏
6 廿一	7 廿二	8 廿三	9 廿四	10 廿五	11 廿六	12 护士节
13 母亲节	14 廿九	15 四月	16 初二	17 初三	18 博物馆日	19 初五
20 初六	21 小满	22 初八	23 初九	24 初十	25 十一	26 十二
27 十三	28 十四	29 十五	30 十六	31 十七		

June 6

日 Sun	一 Mon	二 Tue	三 Wed	四 Thu	五 Fri	六 Sat
					1 儿童节	2 十九
3 二十	4 廿一	5 环境日	6 芒种	7 廿四	8 廿五	9 廿六
10 廿七	11 廿八	12 廿九	13 三十	14 五月	15 初二	16 初三
17 父亲节	18 端午节	19 初六	20 初七	21 夏至	22 初九	23 初十
24 十一	25 十二	26 十三	27 十四	28 十五	29 十六	30 十七

July 7

日 Sun	一 Mon	二 Tue	三 Wed	四 Thu	五 Fri	六 Sat
1 建党节	2 十九	3 二十	4 廿一	5 廿二	6 廿三	7 小暑
8 廿五	9 廿六	10 廿七	11 廿八	12 廿九	13 六月	14 初二
15 初三	16 初四	17 初五	18 初六	19 初七	20 初八	21 初九
22 初十	23 大暑	24 十二	25 十三	26 十四	27 十五	28 十六
29 十七	30 十八	31 十九				

August 8

日 Sun	一 Mon	二 Tue	三 Wed	四 Thu	五 Fri	六 Sat
			1 建军节	2 廿一	3 廿二	4 廿三
5 廿四	6 廿五	7 立秋	8 廿七	9 廿八	10 廿九	11 七月
12 初二	13 初三	14 初四	15 初五	16 初六	17 七夕节	18 初八
19 初九	20 初十	21 十一	22 十二	23 处暑	24 十四	25 中元节
26 十六	27 十七	28 十八	29 十九	30 二十	31 廿一	

September 9

日 Sun	一 Mon	二 Tue	三 Wed	四 Thu	五 Fri	六 Sat
						1 廿二
2 廿三	3 廿四	4 廿五	5 廿六	6 廿七	7 廿八	8 白露
9 三十	10 教师节	11 初二	12 初三	13 初四	14 初五	15 初六
16 初七	17 初八	18 初九	19 初十	20 十一	21 十二	22 十三
23/30 十四/廿一	24 中秋节	25 十六	26 十七	27 十八	28 十九	29 二十

October 10

日 Sun	一 Mon	二 Tue	三 Wed	四 Thu	五 Fri	六 Sat
	1 国庆节	2 廿三	3 廿四	4 廿五	5 廿六	6 廿七
7 廿八	8 寒露	9 九月	10 初二	11 初三	12 初四	13 初五
14 初六	15 初七	16 初八	17 重阳节	18 初十	19 十一	20 十二
21 十三	22 十四	23 霜降	24 十六	25 十七	26 十八	27 十九
28 二十	29 廿一	30 廿二	31 廿三			

November 11

日 Sun	一 Mon	二 Tue	三 Wed	四 Thu	五 Fri	六 Sat
				1 廿四	2 廿五	3 廿六
4 廿七	5 廿八	6 廿九	7 立冬	8 寒衣节	9 初二	10 初三
11 初四	12 初五	13 初六	14 初七	15 初八	16 初九	17 初十
18 十一	19 十二	20 十三	21 十四	22 下元节	23 十六	24 十七
25 十八	26 十九	27 二十	28 廿一	29 廿二	30 廿三	

December 12

日 Sun	一 Mon	二 Tue	三 Wed	四 Thu	五 Fri	六 Sat
						1 艾滋病日
2 廿五	3 廿六	4 廿七	5 廿八	6 廿九	7 大雪	8 初二
9 初三	10 初四	11 初五	12 初六	13 初七	14 初八	15 初九
16 初十	17 十一	18 十二	19 十三	20 十四	21 十五	22 冬至
23/30 十七/廿四	24/31 十八	25 十九	26 二十	27 廿一	28 廿二	29 廿三

CAEC 中国建设监理协会《中国建设监理与咨询》编辑部　　征订电话：010-68346832，88385640

中国建筑工业出版社